細川博昭

鳥を読む

文化鳥類学のススメ

春秋社

はじめに

人間の歴史といっても、そこに登場するのは人だけではない。鳥との関わりも、たしかに歴史の一部だった。あらためて歴史を俯瞰すると、さまざまな土地、さまざまな時代に、鳥と人との接点を見つけることができる。関係は継続しているものもあれば、短期間のものもあった。途絶えてしまったものもある。武器や道具——矢羽根や羽箒《はぼうき》、衣類などに羽毛が活用された鳥もいた。

人の言葉を話す鳥は人気者となり、愛玩されるなかで独特な地位も得た。

大きなきっかけとなったのが、マケドニアの王アレクサンドロス三世の東方遠征である。インドはもともと複数のホンセイインコ属の鳥が暮らす土地であり、支配者は古くから話すインコを宮殿内に置いていた。アレクサンドロス三世の部下がそんなインコを遠征先のインドから本国に連れ帰ったことで、人の言葉をまねる鳥の存在はギリシア世界と、続くローマ世界の知るところとなった。そのインコは、オオホンセイインコ。出会いのエピソードから、のちに「アレクサンドロスのパラキート」と名づけられる鳥である。

物珍しさだけでなく、ふれあいによって生まれる楽しみから手許に置きたがる貴族も少なからずいた。インコはインドからヨーロッパに継続的に輸入されるようになり、それは中世になっても続いた。結果として、「おうむ返し」は、ヨーロッパでもよく知られるようになった。

日本人もおそらく歴史の初期に、おなじ種か近種のインコと出会っている。飛鳥時代以降、朝鮮半島の国などからオウムやクジャクが贈られたが、渡来したインコ目の鳥も、正倉院の宝物に描かれたオウムも、実際にはそのほとんどがホンセイインコ属の鳥だったと考えられている。史書にオウムと記されていたのは、当時はまだインコという言葉がなかったためである。

清少納言が『枕草子』でふれ、藤原定家が日記に綴っているように、渡来したインコは人の言葉を話した。和歌の技法や日常の会話において「おうむ返し」が定着したのは、こうした史実があったがゆえである。

オウムは人の言葉を話す。初渡来からの千年間で、「おうむ返し」という言葉や概念もふくめて、その理解は広がっていき、一度も目にすることのなかった人々にまでインコは知れ渡った。それゆえ、江戸時代になって市中の鳥屋や、当時の花鳥園的存在だった花鳥茶屋や孔雀茶屋で生きたオウムやインコを実際に見て、「あぁ、なるほど。インコやオウムはたしかに人の言葉を話すのだ」と実感した人も多かったにちがいない。

こうした鳥との交わりもまた、歴史の中に残る興味深い事実のひとつである。

人間に近い場所を生活圏とした鳥の一部は、「害鳥」と呼ばれることもあった。そうした鳥は田畑など、立ち入ってほしくないエリアから追い払われるのが常だった。案山子《かかし》はそんな目的のために、世界の各地でおなじような姿で生まれた。駆除するのではなく、入ってほしくない場所から生き物をゆるやかに追い払うために——。それは共存のひとつのかたちでもあった。

かかしの英名「Scarecrow」のscareは「追い払う」の意であり、crowはもちろんカラスである。カワラバトは人のそばで安全を見つけ、繁栄を得た。帰巣本能と飛行ルートの判断能力、ロケーションを記憶する能力が鳥類の中でもとりわけ優れたものであることに気づいた人類は、「伝書鳩」を誕生させ、長い時間を共有した。伝書鳩はローマ帝国の重要な通信インフラになっただけでなく、帝国が崩壊したのちも帝国の版図だった土地に新たに誕生した国々に引き継がれて現代にいたる。電子的な通信手段が活用されるようになる以前の二十世紀の半ばまで、伝書鳩は軍事と経済の情報伝達などを中心に利用され続けた。

また、羽毛色で白黒の対比が行われることもあった。「烏《う》鷺《ろ》の争い」という言葉もあるように、日本ではシラサギとカラスが対比の軸となったが、ヨーロッパではおおむね白いハトと黒いカラスが軸となった。聖書のノアの方舟における陸地の発見譚でも、白いカワラバトと黒いワタリガラスの対比が見られた。シェイクスピアは『ロミオとジュリエット』において、ロミオ視点で「黒いカラスの中に舞い降りた純白のハト」と表現することでジュリエットを称賛した。

そこには「白＝善、聖」と「黒＝悪、不吉」という図式も見える。善悪対比の図式は、アジアにくらべてヨーロッパのほうが強い印象があった。このような、鳥に向ける視線の東西のちがいを紐解き、示すことも本書の目的とした。

スズメやカラス、ウ、ハクチョウ、ヒバリ、トビ。広くユーラシアに分布する鳥は多い。亜種や近種がアメリカなど他大陸に分布する鳥もいる。ある鳥の印象が世界に共通する例もあれば、地域によって異なる例もあった。民族、文化圏によって、鳥と人間との関係も異なってくる。共通点やちがいは、神話や伝説、音楽との接点、愛玩のしかた、その鳥の利用などにも見えていた。特定の鳥に着目し、国や地域や民族がもつ文化誌の比較を通して、人間にとってその鳥がどんな存在だったのか解き明かしていくことも、本書が目指したところである。

比較文化鳥類学。執筆中ずっと、キーワードとしてずっとその名と概念が頭の中にあった。

たとえば、広くユーラシアに暮らすカッコウは、日本でもヨーロッパ各国でも鳴き声が名称の由来となった。どんな鳥よりもネーミングに近さが感じられたが、商売人がもつ印象は国によって大きくちがっていた。日本にはカッコウの別称として「閑古鳥」という名前がある。それは店が寂れたイメージとして商売人が強い忌避感をもつ名でもあった。

時刻がくると鳥が飛び出して鳴く、絡繰《からくり》仕掛けの壁掛け時計は、ヨーロッパでは「カッコウ時計」の名で知られていて、世界の各国に輸出されている。しかし、日本のみが「ハト時計」に名称変更をして、やっと受け入れられることになった。「閑古鳥が鳴く時計など縁起が悪い」と強い拒絶反応が出たためである。鳥の文化誌を追っていると、ときおりこうした興味深い事実にもぶつかる。興味は尽きない。

鳥種によって章を構成した本書は、音楽や神話など鳥の文化誌をテーマごとにまとめた『鳥と人、交わりの文化誌』との相互補完を目的に編まれたものである。本書と、『鳥と人、交わりの文化誌』の二冊を縦糸、横糸として、鳥と人の歴史が描く壮大なタペストリーを眺めていただけたら幸いである。

鳥を読む　目次

第15章　ウ

鳥を読む　文化鳥類学のススメ

第1章

ハト（鳩）とイエバト（鴿）

1　世界のハト

ハトは世界に広く

ハトは「さえずり」をもたない。一般に、彼らの発声器官、「鳴管《めいかん》」が出せる音の領域は狭く、キーの高い声を出すこともできない。ハトの声の音域は、さえずる鳥——鳴禽《めいきん》よりも人間に近いため、人間の耳は彼らの声をごく自然にとらえる。

「ぽっぽっぽ」で始まる童謡「ハトポッポ（旧・鳩／作者不詳）」の歌詞が示すように、鳴き声も比較的単調で聞き取りやすく、おぼえやすい。人間の近くで暮らすハトはとくにそうで、樹木や建物にさえぎられて姿が見えなくても、声でハトがいることがわかり、種類も特定できる。

「ハトポッポ」は、公園や神社のドバトをイメージしてつくられた曲である。だが、歌いだしの歌詞は「デデーポポー」と鳴くキジバトのものであり、作詞者の混同も指摘されている。

人間には単調に聞こえているハトの声。だが、鳴禽のさえずりとはちがっているが、人間が声の微妙なニュアンスを聞き分けていないだけで、実はハトにも愛を伝える声はある。ハトたちも行動と声を合わせて、そばにいてほしいという気持ちや「結婚の意思」を相手に伝えている。なお、声という点においては、山で暮らすハトのほうが雄弁に感じられる。アオバトやズアカアオバトなどは、「自分はここにいる」など、強く自己をアピールする鳴き声をもっている。

ほかの鳥と同様にハトももちろん恐怖や苦痛を感じる。だが、彼らのそうした声を聞くことはない。はっきりとした「悲鳴」をもたない彼らは、ちがう方法で恐怖や警戒を示す。ハトの場合、敵の存在を感じて飛び立つとき、羽音——羽ばたきの音が強くなる。それは、背の上で左右の翼を強くぶつけて出す音で、「ウイング・クラップ」と呼ばれる。それが彼らの警戒音なのである。

カワラバト（ドバト）など、開けた場所で暮らすハトの羽音は雄弁で、飛び立つ仲間の羽音から危険の存在を知る。この独特なやりかたは、ハトがその進化の中で身につけた「オリジナルスキル」である。悲鳴のかたちで警戒音を発するほかの鳥とは異なるが、仲間に警戒を伝える手段を、ハトたちもちゃんともっているのである。

ハトは、世界のあらゆる場所にいる。いないのは、食料が見つからない南極やその周辺の島と、北極圏の島、ユーラシアや北アメリカ大陸の最北部のみ。国際鳥類学会議（IOC）によると、地球上にいるハトは二〇二三年現在、三百二十種を超える。

ドバトは、カワラバトの改良品種が再野生化したもの。広く世界に分布する。

キジバト。かつて、ヤマバトと呼ばれた鳥。キジバトが人間のそばで暮らすようになったのは比較的最近で、1970年以降のこと。

グレナダ。カリブ海の東縁南部、南米に寄った位置にある。

ほとんどすべての国の人々が、文明が起こる以前からハトを見ていて、その声を知っている。

もちろん、多数が集まる場所では声が騒音とされたり、糞害もある。それでもハトは数千年にわたって、スズメともカラスとももちがう立ち位置で、人間と良好な関係を築いてきた。

ハトを国鳥、国章にする国々

カワラバト（Rock Dove／Rock Pigeon）のように世界に分布を広げたハトもいれば、ひとつの島など、きわめて狭い範囲に暮らすハトもいる。たとえば、ドバトやキジバトよりもひとまわり小さなグレナダバトもそうだ。

グレナダはカリブ海にあるグレナダ島を中心とする二十あまりの小島からなる、英連邦に属する独立国。グレナダバトは、淡路島の半分ほどの広さのグレナダ島にのみ暮らす固有種である。

国の人々がもつ愛着から、グレナダバトは国鳥に指定され、国章にも採用された。

ハトを国鳥とする国は、グレナダ以外にウズベキスタンとイエメンがある。鳥種はそれぞれ、カワラバトとシラコバト。国章にハトが見えるのは、太平洋の島国、トンガ王国やフィジー共和国、アジアのキプロス共和国やアフリカのギニア共和国など。ハトがオリーブの枝をくわえたこれらの国の国章は、よく知られた聖書のエピソードに由来するものとなっている。ほかに、リベリア共和国もハトを国章にする。

日本に生息するハト

日本で見られるハトの仲間は、カワラバト（ドバト）、キジバト、アオバト、シラコバトのほか、沖縄地方や小笠原諸島などの島々に生息するカラスバト（小笠原諸島は亜種アカガシラカラスバト）、沖縄から台湾にかけて分布するズアカアオバト、日本では先島諸島にのみ生息するキンバト（リュウキュウキンバト）の七種。迷鳥として飛来するヒメモリバトとベニバトを加えると、九種となる。

現在の国内最大種はカラスバトで、体長は約四十センチメートル。江戸時代は、オオバトやクロバト、ウシバトとも呼ばれた。ウシバトの名の由来は、ほかのハト（平均三十三センチメートル）よりも大きく、「ウッウー」と鳴く声がウシに似ていたからと推察されている。

実は、百年と少し前までカラスバトより大きなハトが日本にいた。小笠原諸島に生息したオガサワラカラスバトがそう。体長が四十五センチメートルもある、カラスバトの仲間としては世界最大級に迫るハトだった。しかし、小笠原諸島の所属が未確定だった幕末に、ヨーロッパ人に大量捕獲されるなどして絶滅。沖縄地方にも二十世紀初頭までリュウキュウカラスバトがいたが、こちらもすでに絶滅している。

翼の赤紫色が目立つアオバト（緑鳩）のオス。メスにはこの色がなく、体上部は緑色。伊勢長嶋藩主にして本草画家でもあった増山正賢の『百鳥図』より。国立国会図書館収蔵

丹沢のアオバトは湘南、大磯の岩場に海水を飲みに来るハトとしてよく知られている。通常の食事では不足するミネラル分を補うために海水を飲んでいる。山間の温泉地には、ミネラル分を含む温泉水を飲むアオバトがいることも知られている。

ズアカアオバト。沖縄から台湾にかけて生息するアオバトの仲間。「ズアカ」とあるが、頭部に赤みはあまりない。尾張藩の本草学者、水谷豊文自筆の『豊文禽譜』より。国立国会図書館収蔵

カラスバト。当時は、クロバト、ウシバトなどとも呼ばれた。『薩摩禽譜図巻』(作者不詳)より。国立国会図書館収蔵

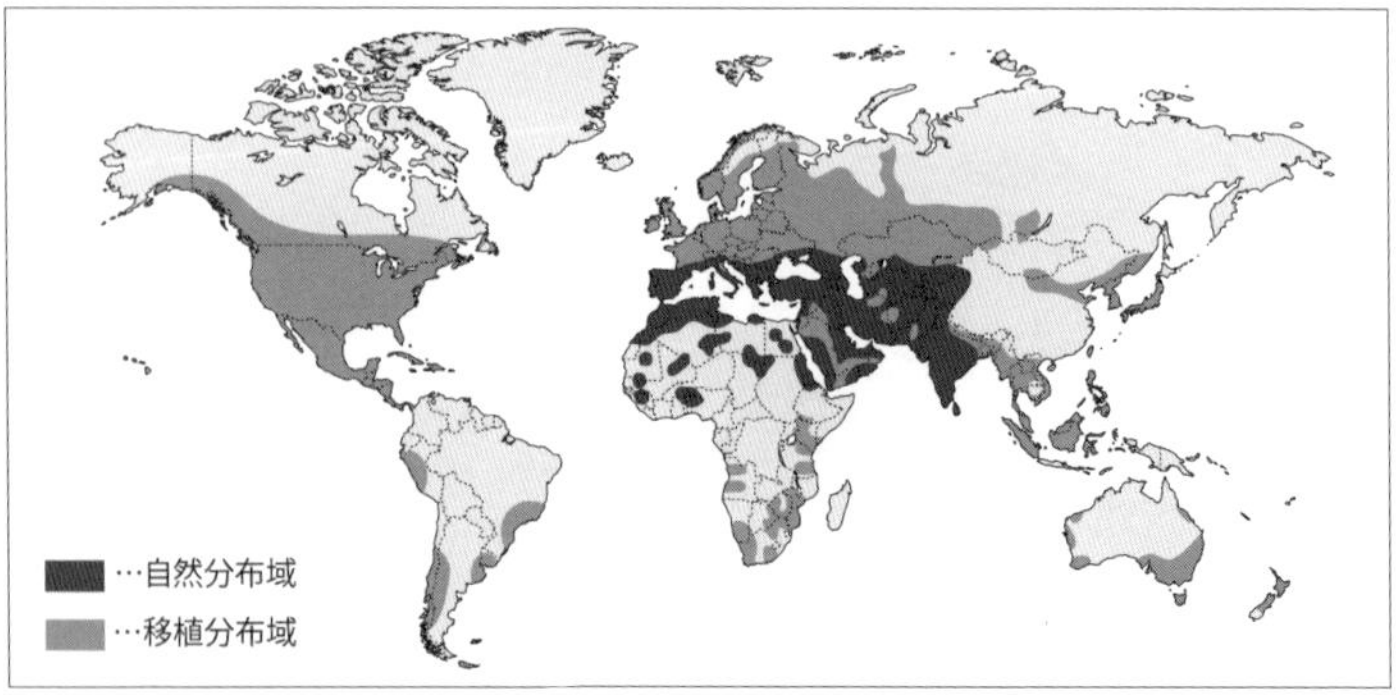

カワラバトの本来の生息地と、新たな生息地

2　ハトがもつイメージ

イメージに大きな影響を与えたカワラバト

人類ともっとも多くの接点をもってきたのはカワラバトとその改良種である。今でこそ世界の各地に拡散したが、本来の生息地は地中海沿岸から中近東、インドにかけての乾燥地帯。すなわち、メソポタミア、エジプト、インダスといった古代文明が誕生した土地と、その周囲だった。

カワラバトの一部は、野生時代から必要以上に人間を恐れず、猛禽などから逃れるために人のそばに居を構えるなど、人間を利用することもいとわなかった。

加えて、彼らがもっていた帰巣本能は、人類から「有益な資質」と見なされ、彼らから作出された「伝書鳩」は、人間社会にさまざまな恩恵をもたらした。人間のもとから逃げ出して再野生化したドバトも、そのまま人間の近くに居続けた。

品種改良がしやすかったこともあり、色や姿を変化させた愛玩用のハトも多数が生み出された。結果としてカワラバトは、人との関わりをさらに深めていくこととなった。

　文明の誕生以降、中近東およびヨーロッパの人々がもっともひんぱんに目にしたハトがカワラバトであることはまちがいない。だが、おなじエリアに暮らすもう一種のハトも無視するわけにはいかない。春になると南から渡ってくる「コキジバト」も、ハトのイメージの形成に影響を与えたのはたしかだからだ。彼らの名もまた、さまざまな文学作品に見る。

代表的なハトのイメージ

　ハンス・ビーダーマンの『世界シンボル事典』には、古代から現代までハトにもたれたイメージとして、「平和的」、「非暴力的でやさしい性格の鳥」が挙げられている。さらにそこから、「柔和」、「愛」、「臆病」、「多弁」の象徴であったことが示される。

　たとえばシェイクスピアも、『ヘンリー四世』の中で「おれはハトのように気弱」という科白《せりふ》を登場人物に語らせている。

　強硬姿勢でなく、対話をもとに協調しながら物事を収めようとする人々を「ハト派」と呼ぶのも、こうした基本イメージに由来している。逆に強行的な手段を取りがちで、必要とあらば武力の使用も辞さない人々は「タカ派」と呼ばれる。ハトに対置する存在はタカという認識が、多くの人々の内にあったためだ。

インダストリアルデザイナー、レイモンド・ローウィがデザインした、ハトがオリーブの葉をくわえた日本製たばこ、「ピース（Peace）」のパッケージに描かれた図案が、こうしたハトのイメージをよく表わしている。

だが、実は日本でこうしたハトのイメージが広まったのは、わずか七十年ほど前、第二次世界大戦が終戦を迎えた後である。歴史的には、ごく最近のことになる。

日本におけるハトのイメージ

かつての日本には、ハトに対してまったく異なるイメージが存在した。

武士の政権となった鎌倉時代以降はとくに、ハトは戦神である「八幡神《はちまんしん》《やはたのかみ》」の遣い（神使《しんし》）とされ、勝ち戦をもたらす縁起のよい存在とされた。

『源平盛衰記』や『太平記』には、勝利のシンボルとしてのハトがしばしば登場している。家紋にハトを採用する武士が増えたのも、こうしたイメージがあればこそである。

源氏の護りとして鎌倉に創建された鶴岡八幡宮でも、ハトはさまざまな場所でシンボルとして使われている。たとえば、朱塗りの本宮に見られる「八幡宮」と記された扁額《へんがく》の中の「八」の文字も、ハトが向きあうかたちになっている。京都にある石清水《いわしみず》八幡宮など、ほかの八幡宮もおなじデザインだ。御朱印にハトが見えたり、御神籤《おみくじ》にハトが採用された八幡宮も多い。

ハトを放つ「放鳩《ほうきゅう》」も、古くから各地で行われてきた。結婚式や各種式典でのハトを放つ行為

ハトが向かい合うデザインの鶴岡八幡宮の扁額。

は、祝福や平和の祈りとして行われたものだ。かつてのオリンピック憲章では、開会式の定めとして、「平和を象徴する鳩が解き放たれる」と記され、放鳩が行われてきたが、一九八八年のソウル大会で起こったハトが聖火台の炎に飛び込むという痛ましい事故のあと、ハトについての記述は削除されている。

先に挙げたものに加え、西洋においてハトには、「神託をもたらす鳥」というイメージもあった。奇しくも『吾妻鏡』には、頼家の幽閉や実朝の暗殺など、鎌倉で起こる源氏の存続に関わる事件の予兆がハトの挙動に見えた旨の記述がある。この時代に特化しているとはいえ、奇妙な一致に見える。

また古来より、白いハトを特別視する傾向が多くの国にあった。神話に登場する神々の聖鳥とされたハトも白い羽毛のものが多い。聖書でも白いハトが神聖視されていた。

日本でも、突然変異で羽毛が白色になった鳥は吉祥とされ、白いキジが献上された際に元号が「白雉《はくち》」に変えられた記録もある。平安時代につくられた律令の施行細則をまとめた『延喜式《えんぎしき》』（九〇五年）でも、白鳩はめでたい祥瑞《しょうずい》の鳥とされた。

3　神話のハト、聖書のハト

伝説の中のハト

メソポタミアだけでなく、ほかの地域の神話にも影響を与えたとされるシュメールの神話。語られたのは、今から六千年以上も前のことになる。そこでハトは、シュメールの神話で戦と豊穣を司った女神イナンナの聖鳥だった。

その系譜を継いだ、戦と豊穣、性愛の女神イシュタルの聖鳥もハトである。イナンナ、イシュタルの聖鳥は、カワラバトの改良種で、豊かな尾羽が特徴的なクジャクバトとされる。

ギリシア神話で美と性愛を司る女神アフロディーテは、ハクチョウやハト、スズメなど、複数の聖鳥をもっていた。アフロディーテはもともと、小アジアをふくむ古代オリエントにおいて信仰された、豊かな大地と結びついた「豊穣の女神」（地母神）をひとつのルーツにもつ神である。同時に、イナンナ―イシュタルの系譜を継ぐ神でもあったため、ハト（白いハト）も聖鳥に加えられたのである。

ハトのつがいが見せるむつまじさも、愛の女神であるアフロディーテにふさわしいと考えられたのだろう。アフロディーテを祀る神殿でハトが大切に飼育されたことは、よく知られている。ハトを「平和の象徴」とする現在のイメージは、世界が水に沈んだ大洪水の末期にノアが放ったハトがオリーブの若枝をくわえて戻ってきた聖書のエピソードに由来している。

鳥が花や枝、連なった宝珠をくわえている図柄「咋鳥文《さくちょうもん》」には、三世紀から七世紀にイラン高原を中心に広い領域を支配したササン朝ペルシアに由来するものも多いが、ハトがオリーブの若枝をくわえている図案は、そのほとんどがキリスト教に由来すると解釈される。

ブーシェ作『ヴィーナスの水浴』。
1751年、ナショナル・ギャラリー所蔵

されるのだが——。主人公がハトとカラス（ワタリガラス）を放ち、その行動によって水が去ったことを知るというエピソードは、実は聖書がオリジナルではない。メソポタミアの王の物語である『ギルガメシュ叙事詩』が先に存在し、その中にあった大洪水の話が聖書に採用されて今のかたちになったと考えられている。

ただし、このエピソードはギルガメシュ自身の体験ではなく、ノアと同様の神託を受けたウトゥナピシュティムという男がギルガメシュに語った話として綴られている。なお、同地域には、アトラ・ハーシスという人物が主人公となった同様の神話も残っている。

聖書のこのシーンに登場するハトはカワラバトである。当時からすでにカワラバトは人の暮らしの近くにあって、少しずつ伝書鳩への改良も進んでいたと考えると、方舟に〝戻ってきた〟ハトは、伝書鳩をめざして人の手で改良されたハトだったと考えてよさそうだ。また放たれたのが、野生ではなかなか見ない「白いハト」だったことも、このエピソードのハトが改良されたものであった可能性を後押しする。

ハトとカラスの対比

現在の日本では、ハトは基本的に「鳩」と記されているが、かつてはドバトを「いえばと」、アオバトやキジバトを「やまばと」と呼んで、「鴿」と「鳩」の文字で使い分けていた。

同様に英語にも、「pigeon」と「dove」という二つの単語がある。前者は「飼育鳩」、後者は「野の（小型の）鳩」とされることが多いが、完全な使い分けはできていない。『英米文学の鳥たち』で桝田隆宏氏は、「英語の本場であるイギリスでは pigeon のほうが一般的な語だが、西洋の文学や美術に登場するハトは dove のほうが多いようだ」と解説する。

聖書では pigeon と dove の両方が使われていた。ただし、その使用頻度は dove のほうが四倍ほど多い。キリスト教で重視されるのは「白いハト」であり、「dove」はその象徴とされたからだ。

dove は聖書の中で「特別貴い存在」として扱われているという指摘もある。大洪水の場面でノアが放つのも、もちろん dove である。

なお、聖書のこの場面は、「黒いカラス（闇）」と「白いハト（光）」の対比でもあった。方舟に戻ってこないカラスは「まだ闇が続いている状況の象徴」であり、「しるし」とともに戻ってきた白いハトは「世界がまた光に満ちあふれる予兆」という解釈もできるのだという。

ハト（白）とカラス（黒）の対比は、その後のヨーロッパ文化の中でも生き続け、『ハムレット』や『ロミオとジュリエット』など、シェイクスピア作品の中にもその構図を見る。「カラスの群れに舞い降りた純白のハトだ」というのは、『ロミオとジュリエット』一幕にある、初めてジュリエットを見たロミオの評だ。白いハトは、強い称賛の気持ちのあらわれでもあるという。

白と黒の鳥を対比させることは日本でも行われてきたが、八幡神の遣いとしてのハトを除き、古代から現代に至るまで、ハトを特別視、神聖視する意識は一般的な日本人の心にはなかった。それは、目立つ白い鳥が身近に複数いたということも大きかったかもしれない。

日本人が鳥で白と黒を対比したのは、「烏鷺《うろ》の争い」などの言葉に見えるように、おもにサギ（シラサギ）とカラスだった。姫路城と岡山城が、天守や城壁の色彩から白鷺城、烏城《うじょう》と対比されて呼ばれたのもその延長である。

ちなみに、中国由来のことわざの中にはカラスとハトが揃って出てくるものがある。「鳩に三《さん》枝《し》の礼あり、烏に反哺《はんぽ》の孝あり」がそうだ。こちらは「礼儀を重んじ、親に孝を尽くすべき」という意味で、対比ではなく、大事なことが並記されたかたちになっている。こうした点でも、ヨーロッパとのちがいが感じられて興味深い。

コキジバトもよく知られたヨーロッパのハト

聖書の中には、カワラバトのほかにもう一種、はっきり固有名が示されたハトがいる。先にも少しふれたコキジバト（Turtledove）がそうだ。コキジバトは日本でよく見かけるキジバトの近種で、よく似た羽毛色でありつつも、ひとまわり小さなハトである。キジバトが東アジア・日本を中心に分布するのに対し、コキジバトは中央アジアからヨーロッパにかけて分布する。

欧文の訳書では、ただキジバトと訳されることも多く、古い図鑑などではヨーロッパキジバトと記されることもあるが、ここでいうキジバトはコキジバトである。

「創世記」や「レビ記」に登場する「山バト」はコキジバトである。また、『英米文学の鳥たち』によると、おなじ場面でpigeonは「家バト」の意で使われている。こちらは、どこにでもいるあまり価値の高くない（白くない）ドバトと考えることができる。

ヨーロッパの主要なハトは、カワラバトとコキジバト、アフリカ原産のバライロシラコバトの改良品種であるジュズカケバトが野生化したものの三種であることから、コキジバト＝山バトというのは納得できる解説である。

コキジバトが日本のキジバトと大きく異なる点は、渡りをする鳥であるということ。この地域の文明の初期から、コキジバトが越冬地のアフリカから戻ってくると春が来たと認識された。そういう意味でコキジバトは、ヨーロッパからパレスチナにかけての春告鳥《はるつげどり》でもあった。『ヘンリー六世』などのシェイクスピア作品にも、コキジバト（Turtledove）はその名のまま登場している。こうした点からも、日本のキジバト以上にコキジバトがヨーロッパ人にとってなじみのハトだったことがうかがえる。

4　日本のハト

ハトという名の登場と変遷

日本でハト科の鳥を「ハト」と呼ぶようになったのは八世紀、奈良時代のこと。この時代に編纂された『古事記』、『日本書紀』、『出雲国風土記』の中に「はと」の名を見る。『古事記』の成立が奈良時代の初頭であることを考えると、その前の飛鳥時代（七世紀）には、ハトを「ハト」と呼び始めていた可能性がある。

山や林に暮らすキジバトやアオバトには、早い時代から「山のはと」という認識が日本人の中にあったようだ。五世紀に実在したと考えられている允恭《いんぎょう》天皇の『日本書紀』の項にも「山のはとのように」という文章がある。こうした記述から、『日本書紀』の編纂者が「山のはと」以外のハト、すなわち「いえばと（＝ドバト）」の存在を知っていた可能性は高い。

カワラバト（ドバト）の渡来時期については、遣隋使が派遣されていた時代という説も根強いが、朝鮮半島に馬韓・辰韓・弁韓の三国があった三韓時代とする説もある。もしもそれが正しいとしたら、允恭天皇自身が「山のはと」と「いえばと」の両方を知っていた可能性もある。

大陸のハトがどのようなかたちで日本に運ばれたのかは明らかではないが、いずれにしても飛鳥時代の比較的早い時期にカワラバト（ドバト）が日本にいたことはたしかだろう。

なお、カワラバトを意味する「いえばと」は、「山のはと」との対比の中で生まれたとも考えられるが、日本に最初に渡来したハトが、当時の朝鮮の王族など、上層の人々によって飼育されていた鳥で、移住してきた半島の百済人《くだらじん》などにより、日本でもそのまま家の中で飼われ続けたとしたら、異邦からきた飼育鳥という意味で「いえばと」と呼ばれた可能性もあるかもしれない。日本に持ち込まれたカワラバトが数を増やし、野生化してドバトとなって、神社仏閣や民家のまわりで暮らすようになったのは、平安時代の初めごろと考えられている。この時期から人々が、カワラバトを身近なハトと認知し始めたようだ。平安前期の承平年間（九三一～九三八年）につくられた辞書、『倭名類聚抄《わみょうるいじゅうしょう》』にも「いえばと（鴿）」の名が記されている。

このころになると、アオバトやキジバトも「山にいるはと」という〝ゆるい〟名称ではなく、明確に「やまばと」と呼ばれるようになり、「鳩」の字があてられるようになった。なお、深山に暮らすアオバトを町の人々が目にする機会はあまり多くなかったと考えられることから、奈良時代から平安時代に「やまばと」と呼ばれた鳥は、おもにキジバトだったと推測されている。

長くヤマバトとして一括りにされてきた両者だが、江戸時代になってやっと、「キジバト（雉鳩)」、「アオバト（青鳩・緑鳩）」と分けて呼ばれるようになった。キジバトの由来は羽毛の色柄がキジに似ていたためで、アオバトのアオは青葉の青で、緑色のハトを意味していた。「いえばと」と呼ばれたドバトは、室町時代には「たうばと（搭鳩）」と呼ばれ、やがて「だうばと（堂鳩）」とも呼ばれるようになった。意味するのはどちらも、「神社仏閣のハト（お堂・尖塔のハト）」である。

さらに、堂鳩が「土鳩」となり、ドバトと呼ばれるようになったのは江戸時代のことである。国の天然記念物にも指定されている埼玉県越谷市付近に生息するシラコバトは、江戸時代に輸入されたものが野生化したという説が一般的である。なお、現在の漢字表記は白子鳩だが、江戸時代は白粉鳩とも記された。後者のほうが優美なイメージで、個人的には好ましく感じられる。

ハトの飼育と愛玩

平安時代の後半から鎌倉時代にかけて、ハトの飼育は少しずつ拡がっていったようだ。貴族で歌人の藤原定家の日記、『明月記』の中に興味深い記述が見える。鎌倉時代初頭、承元二年（一二〇八年）九月二十八日の条には次のような一文があった。

「近年天子、上皇皆鳩を好みたまふ、長房卿、保教等、もとより鳩を養ひ、時をえて而《しか》して馳走す」

ここに記された「馳走」は食べ物を供することではなく、「馳せ走る」すなわち「競争する」

の意味と解釈される。

また、建暦二年（一二一二年）の七月十日の条には「鳩合《はとあわせ》」の記載もある。鳩を飛ばせてその速さを競うことを、当時は「鳩合」と呼んでいたと推測される。

つまり、貴族の有志がハトを飼い、レースを行って優劣を競ったと理解できるのだ。

これが事実だとすると、日本で行われた最初のハトのレースは明治時代ではなく、鎌倉時代ということになる。「物合《ものあわせ》」が盛んだった平安時代を過ぎても物合は貴族の楽しみであり、ハトのレースもそのひとつとして行われたと考えることができる。

江戸のハト事情

江戸時代になると、鳥をめぐる状況が大きく変化する。趣味としての鳥の飼育が、大名から庶民にいたる広い層に拡散し、ハトを飼う者も増えたからだ。

百羽を超える鳥を飼ったことでも知られる戯作者の滝沢馬琴（曲亭馬琴）も、一時期さまざまなハトを飼っていた。ドバトや、ドバトの改良品種であるクジャクバト、アオバト、キジバト、キンバト、チョウショウバト、ジュズカケバト、ジュズカケバトの白変種のギンバトなどを飼った記録が、家記や日記の中に残っている。

江戸時代は、鳥に関心をもつ大名らにより、多くの鳥が海外から輸入されていた。その中にはカンムリバトやシラコバト、ジュズカケバトといったハトも含まれていた。この時代に輸入され

江戸時代に日本で飼われていた鳩、輸入された鳩

日本産もしくは江戸期までに日本に帰化した鳩	
名　称	生息地など
アオバト	人里から離れた森の中で群で暮らす
キジバト	平安時代から「やまばと」の名で親しまれている
ドバト	家禽化されていたカワラバトが野生化したもの
シラコバト	江戸時代に帰化。関東に分布
カラスバト	五島列島、琉球、伊豆諸島（本州中部以南の海岸）
江戸時代に輸入された鳩	
名　称	生息地など
ズアカアオバト	琉球～台湾に生息
キンバト	インド～東南アジア、オーストラリア、沖縄（南西諸島）
クジャクバト	カワラバトの改良品種
ジュズカケバト	中央アフリカ原産のバライロシラコバトの改良品種
ギンバト	ジュズカケバトの白変種
カノコバト	インド、中国南部、東南アジア、南アジアに生息
ベニバト	中国～中央アジアで繁殖。日本にもまれに飛来
チョウショウバト	広く東南アジアに分布
オナガバト	オーストラリア東岸を中心に分布
ハイイロミカドバト	東南アジア島嶼部のスールー諸島ほか
カンムリバト	ニューギニア島北西部、サラワティ島ほかに生息
ベニジュズカケバト	ジャワ、スマトラ、バリに生息。別名、べんがらばと
ミカドバト	インド、インドシナ半島からインドネシアに分布
キンミノバト	ニコバル諸島、フィリピンなどに生息

たハトは、前ページの一覧のとおりである。

当時から、神社仏閣の周囲を中心に多くのハトが生息していたことから、突然変異による色変

ジュズカケバト。原種は中央アフリカのバライロシラコバト。『百鳥図』より。国立国会図書館収蔵

シラコバト。埼玉県の一部にのみ生息。江戸時代に輸入された鳥だが、日本の近くにも生息地がある。

わりの個体もときおり生まれた。そうしたハトは捕獲され、江戸城の将軍に献上されることが多かったため、江戸城内には持ち込まれたハトほかの鳥のための専門の飼育部屋もつくられていた。天保三年（一八三二年）から弘化二年（一八四五年）に江戸城で飼われていたハトを将軍から拝領した人物が遺した『鳩《はと》小《しょう》禽《きん》等《とう》図《ず》』という図譜からも、当時城内にいた鳥の状況がうかがえる。

　この図譜には、ドバトを中心にハトだけで百六十点を超える絵が遺されていた。また、ドバトとキジバトの交雑種や、キジバトの白化個体の絵もあるなど、資料性の高い史料となっていた。なお、この図譜は現在、東京国立博物館に収蔵されている。

　江戸時代の日本で層の広い鳥ブームが起こったのは、八代将軍・徳川吉宗が中止されていた鷹狩りを再開したことも大きく影響していた。江戸市中の鳥屋が整備され、鳥の流通が強化されたのは、城内の御《お》鷹《たか》の餌および訓練用の鳥の安定供給のためでもあった。

だが、ハトにとってそれは「受難の時代」の到来を意味した。

　鷹狩りが盛んになるにつれ、餌や訓練用の鳥としてのハトの需要が高まり、各地でハトが大量捕獲されることになったからだ。浅草寺のハトまでが捕獲されかかり、慌てて寺が止めたという記録も残っている（浅草寺日記）。

5　伝書使として

伝書鳩の誕生

今からおよそ五千年前、紀元前三千年の古代エジプトで、カワラバトが家禽化された証拠が遺跡やパピルス文書などの遺物から見つかっている。

メソポタミアでノアの方船のオリジナルの話を含む『ギルガメシュ叙事詩』が口伝のかたちで伝えられていた時期は紀元前三千年ころまで遡るという説もあることから、メソポタミアでカワラバトが家禽化されたのもエジプトと同時期か、さらに古い時代である可能性が指摘されている。最初の伝書鳩が、いつ、どこで誕生したかについては、まだまだ未解明のことも多いが、少なくとも五千年以上にわたって伝書鳩が使われ続けたことは事実と考えてよさそうだ。

オリンピックが始まった古代ギリシアにおいて、競技に勝った者が地元に勝利を伝えるために伝書鳩を飛ばした話もある。ポリス全盛期のギリシアでは、伝書鳩はすでに通信インフラの一部となっていたと考えられている。

その後、ローマ帝国において、広い領土を維持するために伝書鳩を使った情報ネットワークが構築された。伝書鳩は軍事情報の伝達にも利用されていて、プリニウスの『博物誌』の中にも、軍の伝書鳩に関連した記述が残されている。

放たれるハト。旧日本軍の軍鳩部隊。米ジョージ・グラントハム・ベイン・コレクションより。

東京朝日新聞本社の鳩舎(1935年)。朝日新聞社提供

鳩カメラのイメージ。日本カメラ博物館所蔵

ローマ帝国の広がりが、伝書鳩が使われるエリアを拡大させ、帝国の崩壊後も各地に伝書鳩を使う文化を遺した。西ローマ帝国消滅後のヨーロッパ諸国でも、イスラム圏が成立したのちの中東を中心とするイスラム諸国でも、伝書鳩は使われ続けた。伝書鳩の歴史において、ローマ帝国が果たした役割はとても大きかったと考えられる。

電気を使った通信手段が登場するまで、伝書鳩による伝書が最速の通信手段だった。そのため伝書鳩は、数千年にわたって情報伝達の主役の座を守り続けた。

現代に近づいた十九世紀になっても、伝書鳩の利用は続く。

たとえば、ロスチャイルド家の三男ネイサン・マイヤー・ロスチャイルドが一八一五年に巨万の富を手にすることができたのは、伝書鳩によってワーテルローの戦いでナポレオンが大敗した情報をいち早くつかめたことが大きかったといわれる。

戦場においては、電気を使った通信よりも有効と考えられたこともあり、伝書鳩は二十世紀半ばまで使われ続けた。対抗手段として、タカを使って軍用鳩を襲わせ、情報を遮断することも検討された。実際に、第二次世界大戦時にドイツ軍が行ったといわれている。

一方でドイツは、優れた精密機器を製造する工業国であったことから、伝書鳩に搭載できる小型カメラも開発している。空中から地上の敵を撮影できるハトは、さしずめ今のドローンの先駆けといえる。

十九世紀から二十世紀にかけて、ヨーロッパの複数の国が国民にハトを飼うことを促し、ハトレースを推奨していたが、実はこれは、戦争になった際に優秀なハトを徴用して軍用鳩に転用することが目的だったことも明らかになっている。

日本での伝書鳩の利用

江戸時代の日本でも伝書鳩が利用された例がある。

長崎のオランダ商館の職員が、必要時に使用するために日本に伝書鳩を持ち込んでいた。そうしたオランダ人からハトを入手した商人が、情報伝達の手段として使ったのである。

はじめはハトの利用を容認していた幕府も、こうした通信手段には問題があると認識を変更し、使用を禁止した。そんな中、大坂で米市場の運営に携わっていた相模屋又市という商人が、禁を破って仲間に米相場の情報を伝達する。ハトの足に、米相場の上下動の情報を書いた紙をくくりつけて放したのだ。

それが幕府の知るところとなり、又市は捕縛。処罰の対象となる。そして、天明三年（一七八三年）三月四日づけの「大坂町奉行触書《ふれがき》」にその違法行為が掲示されることとなった。

ハトによる通信は、軍事面での利用を中心に二十世紀まで続いたほか、通信社や新聞社の日々の情報収集や、スクープの入手にも大きく役立ったことがわかっている。明治三十年代から昭和の中期にかけて、有楽町に集中していた新聞社各社の屋上には、訓練された伝書鳩のためのハト小屋がつくられていた。

伝書鳩にはハトの能力が最大限に生かされていた

体に比べて小さな頭部や、首を振りながら歩く様子などから、ハトは頭が悪いと理由もなく信じられてきた。だが、本当にそうだろうか？

人間の言葉をおぼえ、意味を理解したうえで、知っている言葉を組み合わせて新たな単語をつくってみせたのはヨウムである。熟考して、エサを食べるための道具をつくり、使ってみせたのはニューカレドニアのカレドニアガラス。セキセイインコは長文を丸ごとおぼえ、語り部のように物語を語って聞かせる。

インコやオウム、カラスの「脳力」の高さは、よく知られたとおりだ。

だが、インコやカラス以外の多くの鳥たちも、コンパクトな脳でありながら、哺乳類を超える能力を見せる。もちろんハトの脳も、人間が思うよりもずっと高機能だ。世の中でいう「知的」とされる能力とは方向性がちがっていただけである。

カワラバトに帰巣本能があることはよく知られていた。「一刻も早く、安心できる我が家に帰りたい」という思いから、カワラバトは家路を辿る。太陽の角度で方向を定め、磁気も読む。

それがわざわいして、曇った日に太陽フレアに由来する強い地球磁場の乱れ（磁気嵐）が発生すると、帰り道がわからなくなることもある。精密機器なみのトラブルがハトに生じるのだ。

飛んだことのある土地ならば、見知ったランドマークもフルに活用する。ハトには目印となる木、建物、山や川などをはっきりと記憶する能力がある。とくにカワラバトは、どの高さ、どの角度から見ても、知っているランドマークを完全に同一のものと見きわめることができる。

一部が隠れていたとしても、見えている部分から正しく類推し、判断できる。それは、彼らが対象物を三次元のデータとして脳に保存していることを示している。

さらに、紫外線を含む広い波長の光を認識できる目により、対象の色情報も判断の一助にできる。もちろん、記憶の中にある、耳にしたことのある音も家路のルート選びの重要な情報となる。

カワラバトは、一度飛んだことのある土地の「空気の匂い」をおぼえていて、それも帰巣に利用する。都市の匂い、特定の工場がある土地の匂い、海の匂い。土地によって異なる匂いから位置を知る。鳥類は嗅覚が弱いと思われているが、カワラバトの嗅覚細胞は人間よりも多く、匂いに関する脳の処理能力も高いため、わずかな匂いもはっきり察し、活用することができる。

また、彼らの脳は、一度通った飛行ルートをマップのかたちで正確に記憶することができる。ハトが経験としての「ルート」を記憶する場所は、人間と同様、脳の中の「海馬」である。海馬が行う処理は、人間もカワラバトもほとんど変わらない。

カーナビゲーションがなかった時代、タクシードライバーは自身の記憶をたよりに運転をしたが、ハトは今も昔も自身の脳の記憶エリアだけがたよりだ。

人間は使えば使っただけ海馬が大きくなって扱う情報量が増えるが、カワラバトも同様であることが確認されている。また、ハトは年単位の長期記憶ももつ。訓練を続けることで、記憶が長く保たれるのも人間とおなじである。

つけ加えると、カワラバトは千分の一気圧の変化も感じ取ることができる。そうした能力を使えば、飛行する方向に低気圧があるかどうかを知って飛行ルートを変更することも可能である。

ここまで紹介したことで、伝書鳩がいかに優れた資質をもち、それを活用できるかわかるだろう。優秀な伝書鳩ほど、ここで挙げてきた能力を上手く活用しているのである。

位置関係を正確に理解し、状況に合わせてよりよい飛行ルートを選択し、事故なく、最短の時間で帰巣できるハトを選ぶ。そうしたハトに対して能力を高める訓練をして、結果を出した能力のあるハトどうしをかけあわせてつくられた「伝書鳩」は、ハトがもつ能力を短期間で向上させる、いうなれば「人工的な進化」の結果、結実でもあった。

補章

ハトとドードー

1　環境によるハトの体格のちがい

大きなハトは島に

世界のハトを俯瞰すると、大陸のハトはカワラバトサイズのものが多いのに対し、島に生息するハトには平均よりも大きなものも少なからずいる。適度に広い土地で、食料が豊富で、外部から敵が侵入する可能性が少ないか、まったくない環境に暮らすハトに、その傾向が強い。結果、世界最大級のハトの多くが大陸ではなく島住まいとなっている。

樹上を生活の場とする最大クラスのハトには、ニューカレドニアのオオミカドバト（現地名：ノトゥ）や、ニュージーランドのニュージーランドバト（現地名：ケレル）などがいる。ともに体長は五十センチメートル前後で、個体によってはそれ以上にもなる。

二十一世紀になって別種と認定され、ニュージーランドバトから分離されたチャタムバト（現地名：パレア）は、さらに五センチメートルも大きく、体長は約五十五センチメートル。体重が八百グラムに達するものもいる。

チャタムバトは、野生でも二十五年もの寿命をもつ長寿のハトだ。生息地のチャタム諸島はニュージーランド特別領で、南島から千キロメートルほど東に位置する火山性の島々。すなわち、捕食者が容易に侵入できない絶海の環境に彼らは暮らしている。

ハトの中で最小クラスの種は、ニューギニアを中心に生息するコビトアオバトや、中南米のフナシスズメバトなど。ともに十三〜十五センチメートルほどで、平均体重は四十九グラムと二十四グラム。体重が大きく異なるのは、骨格とそこにつく筋肉のちがいによる。

日本国内で飼育されている小型のハトとしては、オーストラリア産のウスユキバト（薄雪鳩）がいる。こちらは体長が約二十センチメートル、体重三十〜三十五グラムと、セキセイインコほどのサイズである。

地上で暮らすハト

日本をふくめた世界の多くのハトが、樹上など地面から離れた場所で生活している。エサ探しなどを除いて、あまり地上に降りないものも多い。

だが、ハトの中には地上で暮らすことを選択したものもいる。地上も安全・安心と確信できて、あまり飛ぶ必要がなくなった場合、地上を生活の場に定めることがある。

完全に地上で生活するようになると、軽い体でいる必要がなくなる。鳥が飛ぶためには軽い体を保つことが不可欠だが、飛ばなくてもよいなら体重を増やしても問題がないからだ。

一方、体重が増えると、しだいに飛ぶことが苦手、面倒になってくる。餌場や水場にも歩いていくようになり、「移動のために飛翔する」という意識が減る。そもそも敵がいない環境では飛んで逃げる必要もないため、羽ばたくこと自体が減っていく。

ニワトリ原種の野鶏がそうするように、夜間のみ、まさかに備えて樹上に上がるようになる。たとえ安全な環境であっても、地上で眠ることにはリスクがあると本能が告げるからだ。

ニューギニア島北部などに生息するオウギバトは、体長が約七十センチメートルで、体重は二・五キログラム。現在、地球上にいるハトの中の最大種である。おなじカンムリバト属のカンムリバトもこれに近く、こちらも体重は二キログラムを超える。ともに翼はあるが飛ぶことは得意ではなく、おもに湿った熱帯の森の地面、林床《りんしょう》に暮らす。それでも夜間は樹上で眠り、巣も樹上につくる。

何千世代、何万世代にもわたって安全な環境で過ごすと、鳥の翼はゆっくりと退化していく。

「安心→飛ぶ必要がなくなる→地上で過ごす時間が伸びる→（十分な餌がある土地なら）体重が増える（加えて大型化していく）→飛べなくなる→翼が退化する」

このような流れが生じる。飛べない鳥、ヤンバルクイナなどが辿ったのとおなじ道だ。

ニューギニアに暮らす地上性のハト、カンムリバト。毛利梅園『梅園禽譜』より。国立国会図書館収蔵

海鳥や渡りをするカモ類のような長さのある翼をハト類はもっていない。それは、飛べなくなる体重のラインが、アホウドリやカモ類よりも低いことを意味している。短い翼では、体重が増えて大型化したとき、体を宙に浮かせられるだけの十分な飛翔力が得にくいからだ。

「鳩胸」という言葉が生まれるほどに筋肉のついた胸、特徴的な鼻や嘴《くちばし》。おなじ生活を続けていれば、ハト類はあまり姿を変えない。一千万年という時を経ても、ハトはハトのままだ。大きなハトも小さなハトも、みな「ハト」に見える。

だが、安全で食料豊富な環境で数百万年という時間を過ごしたハトはどうなるのか？

地上で暮らすことを選び、大型化し、翼を退化させたハトは、ハトの枠から外れ、完全な別種となる。そうした経過を経て地上に誕生し、そして滅びてしまった鳥を私たちは知っている。

「ドードー」と呼ばれたハトを。

2　ドードーだって、ハトである

モーリシャスのドードー

「ドードー（モーリシャスドードー）」は、絶滅した鳥の中でもっとも知られた存在である。ドードーという名はポルトガル語の「のろま」を意味する単語がもとになったといわれているが、鳴き声からきているという説もあり、由来ははっきりしない。

いずれにしてもドードーは、『不思議の国のアリス』に登場して以来、挿し絵に描かれたずんぐりした姿が多くの人の印象に残り、絶滅鳥の代表格となった。なお、日本では、我孫子市鳥の博物館（千葉県）に本物そっくりなドードーの復元模型が展示されている。

ドードーが住んでいたのは、マダガスカル島の東、九百キロメートルほどの距離にあるモーリシャス島だ。ロドリゲス島、レユニオン島と合わせてマスカリン諸島と呼ばれる絶海の島々である。モーリシャス島の東、五百キロメートルほどの距離にあったロドリゲス島にもドードーの近種と考えられる鳥がいたが、この種も少し遅れて絶滅している。

ロドリゲス島のドードー（ロドリゲスドードー）は、「ソリテア（ひとりもの）」とも呼ばれた。この名は、群れを作らず個々の鳥が単独で生活をしていたことに由来する。首が長いなど、体型もドードーとは少し異なっていたが、残念なことに、剥製などは一切残されていない。

18世紀に描かれたドードー。

なお、一五九八年にモーリシャス島に寄航したオランダのファン・ネック提督の探検艦隊の航海日誌にその存在が記されていたことから、ドードーの発見は一五九八年とされる。

提督がヨーロッパに連れ帰った、これまでだれも見たことがない丸みを帯びた変わった鳥は、ヨーロッパの支配者層の関心を引いた。入手を希望する声がいくつもあがったことから、それからの数十年間に十羽を超えるドードーがヨーロッパに運ばれ、飼育されることとなった。

ドードーの生前の姿がわかる資料としては、神聖ローマ帝国皇帝ルドルフ二世の宮廷画家だったルーラント・サーフェリーが一六二六年ごろに描いたとされる絵が有名である。この絵はのちのドードー画にも大きな影響を与えたといわれている。

ファン・ネック艦隊がヨーロッパに持ち帰った最初の二羽のうちの一羽をルドルフ二世が買い上げている。つまり、サーフェリーは自身の目でドードーを見ていた。サーフェリーはルドルフ二世の没後も多くのドードー画を描いたが、それらは見てスケッチしたドードーや記憶の中にあるドードーをもとに描かれたものといわれている。

しかし、人々が生きて動くドードーの姿を見た期間は、あまりにも短かった。

ルーラント・サーフェリー『鳥のいる風景』。美術史美術館所蔵

愛玩を希望する人々に送るための捕獲に加え、航海する船の食料や、マスカリン諸島に入植した人々の食料にされた結果、発見から百年も経たない一六八二年から一六九〇年ごろにドードーは絶滅。生きた姿を見ることは、二度とかなわなくなってしまったのである。

ドードーについてはわかっていないことのほうが多いが、それでも最近になって少し理解が進んだこともある。実際のドードーは、サーフェリーなどが描いた丸まると太った姿ではなく、もう少しほっそりしていたらしい。「ふとっちょ」ではなかったという方向に研究者の認識が修正され、やや細めで少し首が伸びた姿でイラスト化されることが増えてきている。

近縁種はミノバト

ドードーは現在、ハト目ドードー科ではなく、ハト目ハト科に分類されている。ミノバトというハトがドードーの最近縁種であることがＤＮＡの解析によって判明したためである。

ミノバトは首筋から肩、背にかけて、玉虫の翅《はね》のような光沢をもつ色彩豊かな細い羽毛に包まれたハトで、その羽毛がまるで蓑を着ているように見えたことからこの名がついた。

ミノバト、別名ニコバルバトは、体長が四十センチメートルほど。カワラバトやキジバトよりも少し大きく、太くがっしりとした足をもったハトである。主たる生息地はベンガル湾のニコバル諸島だが、その北にあるアンダマン諸島から、はるか東のニューギニア島、北はフィリピンまで分布する。ただし、小さな島が中心で、大きな島で大繁殖しているわけではない。

ミノバトはかつてのリョコウバトのような季節移動はしないが、島から島への移動は躊躇なく行う。島から島へと移動しつつ、十分な食料がある島で採餌《さいじ》して、夜は安全な無人島などで眠る。このようにして生活圏を拡げた結果、現在の広い分布となった。

こうしたミノバトの生活スタイルに、ハトがドードーになった進化のヒントを見つけることができるように思う。数百万年前に西をめざしたミノバトとドードーの共通の祖先が、風に乗ってモーリシャス島やロドリゲス島に到達。そこに新たな繁殖地を築いて誕生したのがドードーだったと考えることができる。もちろん議論の余地はあるが、可能性のひとつとして指摘をしたい。

ミノバトよりも少し遠いが、カンムリバト属のカンムリバトやオウギバトも遺伝子的にドードーと近い関係にあることがわかっている。林床を中心とした彼らの現在の生活スタイルも、生前のドードーの暮らしと、ドードーへの進化の道筋を理解するための貴重な情報源となるだろう。

ミノバト。もっともドードーに近いことが確認されたハト。撮影：松井淳

インド洋に浮かぶモーリシャス島とニコバル諸島

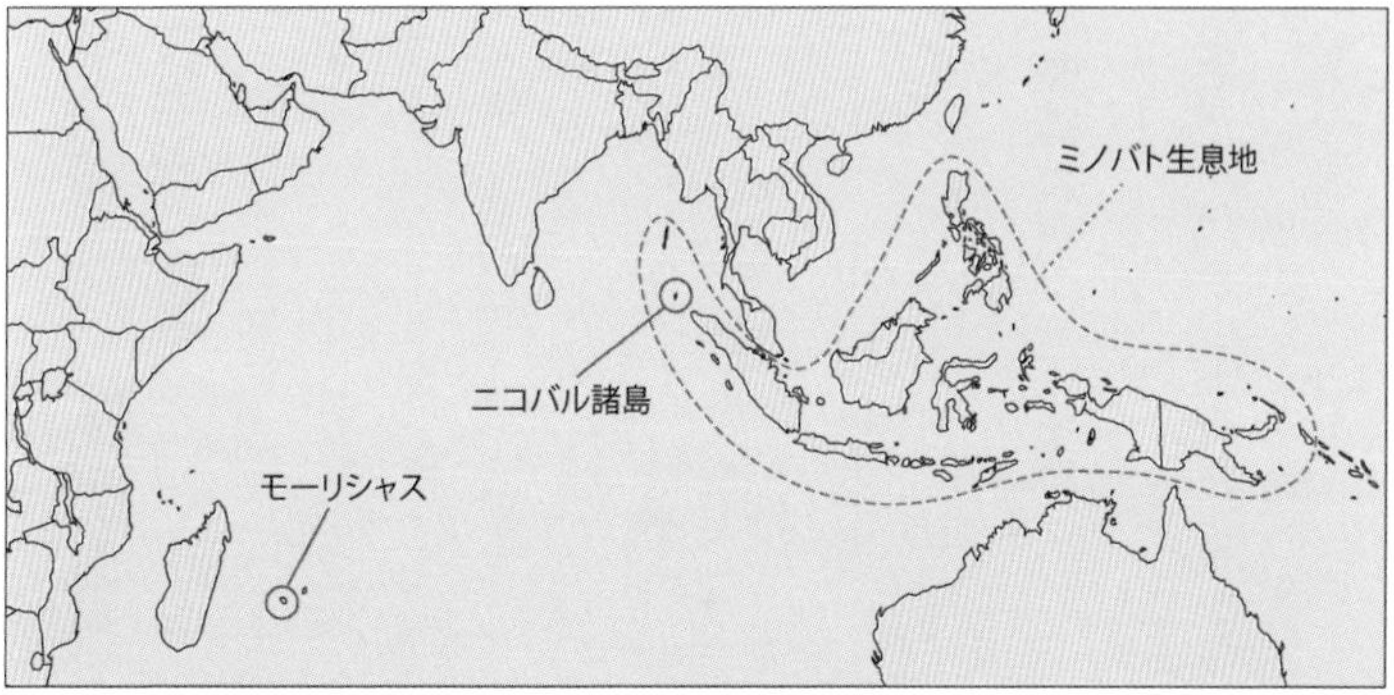

オレンジ色の枠で囲ったのはミノバトの分布域。小さな島が中心だが、ニコバル・アンダマン諸島から、東はニューギニアまで広い分布域をもつ。

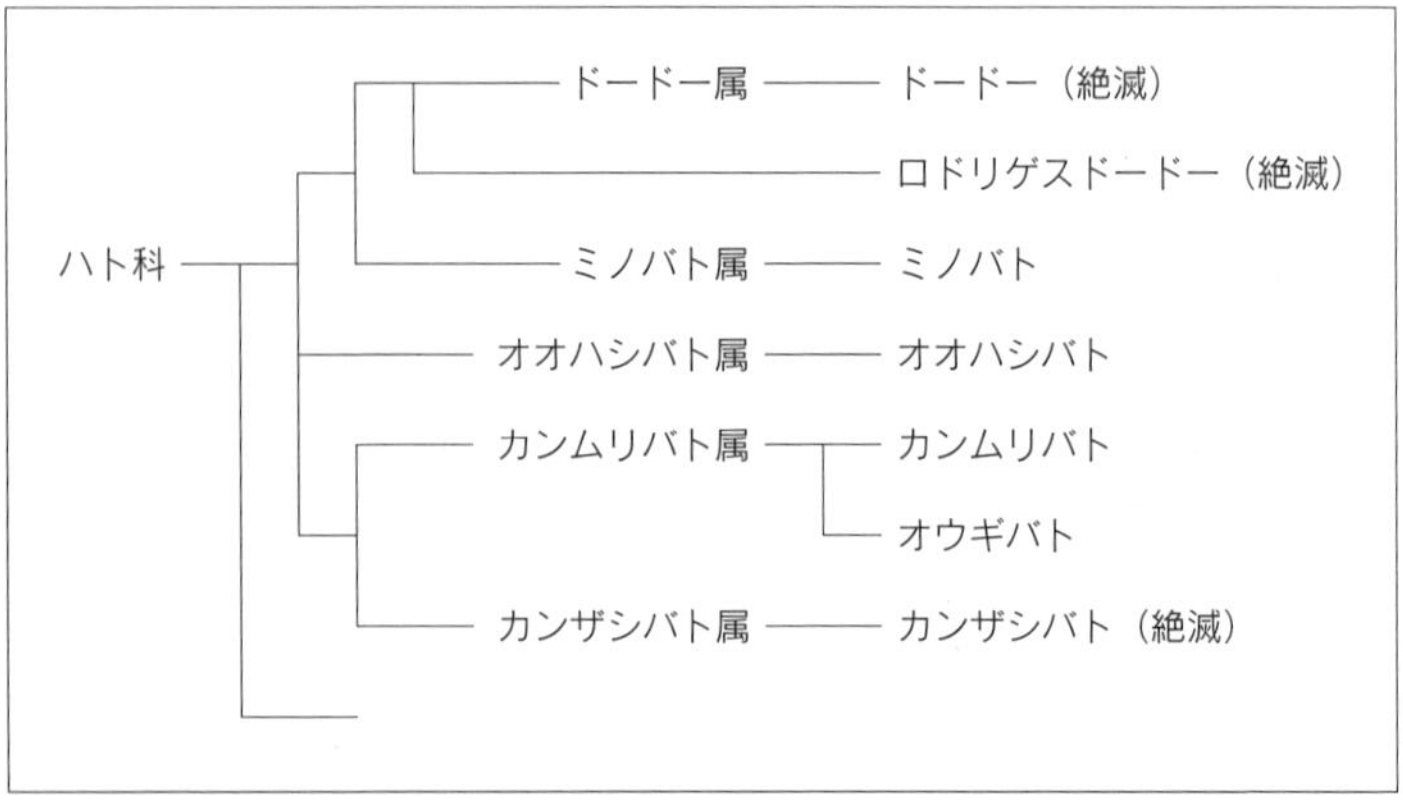

ドードーと近縁のハトたち

先にも記したが、ハトは異なる環境に進出しても、あまりその姿を変えない。豊かな胸筋と小さな頭は、だいたい維持されている。しかし、ドードーの頭部はハトの仲間としては異様に大きい。その嘴も、とてもハトには見えない。こうした進化については、ハトの中でもっともドードーに似た嘴をもつサモアのオオハシバト（大嘴鳩）から学ぶことがある。ドードーの素顔と進化の歴史を知るためには、近縁のハトたちの生活と進化を知ることが不可欠と思う。

3 ドードーと日本人

長崎にきたドードー

近年、川端裕人氏らの調査によって、徳川家光が将軍職にあった一六四七年に、生きたドードーが日本に来ていたことが判明した。どういったルートで生息地からインドネシアのバタヴィア（現在のジャカルタ）まで運ばれたのかはわからないが、バタヴィアから長崎の出島までオランダ船に載せられて、日本に上陸を果たしたことが確認されている。十七世紀にはヨーロッパのほか、ムガール帝国時代のインドの宮廷、そして日本にもドードーがいた。それは、歴史のロマンとして語りたい大事件である。

しかし、ドードーの渡来は、日本の公の記録にはまったく残っていない。本格的な鳥獣の輸入が始まる以前のことで、幕府から派遣された御用絵師がすべての輸入鳥獣の絵を残していない時代であることもひとつの理由だろう。

この点に関して川端氏は、『ドードーをめぐる堂々めぐり』の中で「長崎有事」の真っ只中にドードーが到着したことを指摘する。

入国が禁止されたポルトガルの商船が突如長崎沖に現れ、九州の大名たちがさらなる有事に備えて船を並べて長崎湾を封鎖している大混乱のさなかに、ドードーを載せたオランダ船が到着した。こうした複雑な状況が強く影響した可能性が考えられるという。

江戸時代の日本に、絶滅鳥の代表たるドードーが来ていたことはたしかである。そうした事実を、とても興味深く思う。だが、到着後、ドードーがどうなったのかは、まったくわかっていない。当時の状況からみて、江戸に連れて行かれたか、長崎で死んだ可能性が高いが、顛末がわかるわずかな手がかりも、今のところ見つかっていない。

ただ、江戸時代の初期であっても、江戸に運ばれた鳥獣については個人の日記をふくめ、さまざまなかたちで情報が残るのがふつうである。そうしたものが一切見つかっていないということは、やはり江戸には来ず、将軍もその鳥を見ていない可能性が高いのだろう。

だとしたら、出島のどこかに、今も静かにその骨が眠っているかもしれない。一片の骨でも発見されれば大きなスクープになるが、多額の費用がかかることもあって、あまり発掘調査は進んでいない。日本に連れてこられたドードーが最終的にどうなったのか、いつか知ることができる日がくることを強く望み、待っている。

第2章 スズメとイエスズメ

1 二種のスズメの棲み分け

スズメと呼ばれる鳥

イギリス人と日本人が、「スズメ（Sparrow）」について会話をしている。

「スズメって、かわいいよね」と、日本人。

「うちの庭にもきていたよ。子供のころからよく見てた。でも、最近になって急に数が減っているのが心配だ」と、イギリス人。イギリス人のスズメ好きも有名だ。

「本当に。人間の暮らしや家屋の変化が影響しているって聞くよね。あと、気候変動も」

「昔くらいに数が戻って、雛に給餌する姿も、また近くで見たいよね！」

両国の人間がもつ鳥のイメージは近く、一見、会話は成立しているように見える。だが、両者が脳裏に描く「スズメ」はおなじ鳥ではない。

古くから日本人が親しんできたスズメは、英名「Tree Sparrow」（樹のスズメ／林のスズメ）。学名は「*Passer montanus*」で、「山のスズメ」の意となる。

一方、ヨーロッパ人がスズメと呼ぶ鳥は「House Sparrow」。学名は「*Passer domesticus*」。英名、学名ともに「家のスズメ」の意味となる。日本でもそのまま、「イエスズメ」の名で呼ばれている。

スズメとイエスズメはともに、スズメ目スズメ科スズメ属というおなじグループに属す。進化上近い種であるのは事実だ。だが、日本神話に登場するのはスズメ、「舌切り雀」もスズメの話。聖書やギリシア神話に登場するのはイエスズメで、ローマ人や古代エジプトの人々が見たのもイエスズメ。両者は別種である。

スズメの仲間は、世界に十五〜二十種（可能性が指摘されるすべての種を独立種とすると二十五種）ほどいるが、「人間のそばで暮らす」という点でスズメとイエスズメは似た生活を送っている。彼らはいうなれば、敵を回避するために「人の威を借る」選択をした鳥たちなのだ。

体長十四センチメートルのスズメに対し、イエスズメのほうが一センチメートルほど大きいが、「色彩的に地味」という点でも両者はよく似ている。ただし、スズメの頭頂が茶色であるのに対し、イエスズメのオスはやや青みがかった灰色。メスにはそうした部分がなく、全体的に淡い茶褐色をしている。スズメが雌雄同色であるのに対し、イエスズメにははっきりとした性差がある。

鳴禽類ではあるものの、どちらもウグイスやコマドリのような美麗なさえずりをもたない。そして彼らは声量も少ない。個のナワバリ意識は弱く、一年のほとんどの時間を群れで過ごしているため、鳴き声も集団の声として認知されることが多い。そういうところも「鶴の一声」に対し「雀の千声」といわれた理由だろう。

次ページの図のように、両者はユーラシアの広い範囲に生息していて、その分布はかなりの部分で重なっている。イエスズメは現在、人為的に持ち込まれた結果、南北アメリカやオーストラリア東岸、ニュージーランドなどにも広がっているが、地図ではその部分は割愛した。

スズメは広くユーラシアに分布するが、インドや中近東にはいない。アフリカにも分布していない。一方のイエスズメは中国や日本、東南アジアには生息していないものの、インドから中近東、アフリカ北部には生息している。

分布が重なる土地では、どちらか一方が人間の近くに住み、もう一方が林や山に住むが、ほとんどの場合、イエスズメが人のそばにいる。

スズメ。雌雄同色。

イエスズメ。雌雄で色柄が異なる。

スズメとイエスズメの分布図

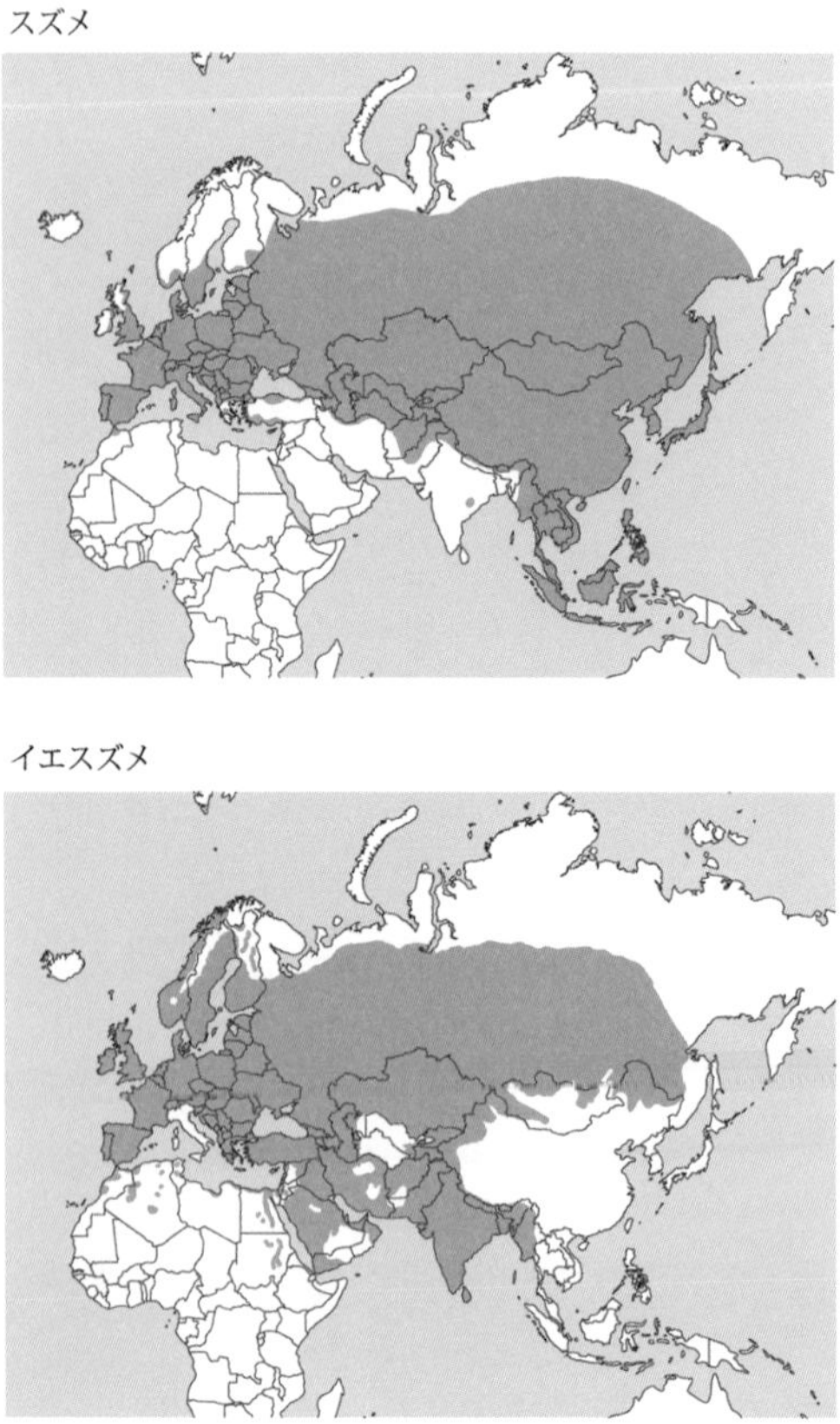

人間のそばにいるのは一種のみ

ニッチ（生態的地位）という言葉が示すように、生き物たちのあいだでは常に棲み分けが行われている。その地域でメインとなっている種がいると、競合種はなかなかそこに入っていけない。

相手の数が多ければ、なおさらである。だが、移入してきた種に十分な強さがあれば、先住種を追い払ってしまうこともある。

まれに飛来はするものの、イエスズメは日本ではまだ繁殖の例がほとんどない。そうした状況もあって、スズメの天下が続いている。

一方で、日本にはもう一種のスズメ、ニュウナイスズメがいた。

千年前、清少納言が『枕草子』の中で「頭《かしら》赤き雀」と綴った鳥は、ニュウナイスズメと解釈されている。ニュウナイスズメは基本的に山や林の鳥で、スズメがいない一部地域を除いて、人間のまわりを住居としていない。この鳥たちにも棲み分けが見える。

イギリスをはじめとするヨーロッパには、スズメもイエスズメも暮らしている。だが、人間の家のまわりにいるのはイエスズメのほうだ。そうした状況から、この鳥には「イエスズメ」の名がついた。

では、日本で見るスズメ（亜種ヨーロッパスズメ）

ニュウナイスズメ。

はどこにいるのかといえば、山や林の中となる。日本のニュウナイスズメのポジションに、イギリスのスズメはいる。

つけ加えるなら、ほんの二〜三百年前まで、イギリスでもスズメは日本とおなじように民家のまわりにいた。英仏が百年戦争*（一三三七〜一四五三年）を戦っていた時代にイギリスにいたのは日本とおなじスズメだった。しかし、そこに侵入してきたイエスズメに追われ、スズメは山や林に逃げこむことになる。そして、本来の「家スズメ」のポジションまで奪われてしまった。

先にも記したように、イエスズメはスズメよりも大きい。このサイズの近種の鳥が争ったとき、勝つのはたいてい、体格がよいほうである。ちなみにニュウナイスズメも、スズメより小さい。

このようにイエスズメが侵入した地域では、先住鳥を追い払ってイエスズメが天下を取った。イエスズメがいかに強い種であるかは、移入先の南北アメリカやオセアニアでの繁栄を見ても明らかである。

スズメの集団。

＊百年戦争の始まりを1339年とする説もある。

スズメ属には、人間の家屋やその周囲で営巣し、近くで食べ物を調達するなど、人間の暮らしと密接な関係をもつ鳥が多い。そしてそこには、ひとつだけ明確な「決まり」が存在する。「人間のそばで暮らすのは一種のみ」という決まりである。それは、スズメもイエスズメもいないケースでも変わらない。

スズメもイエスズメもいない土地では、ニュウナイスズメやスペインスズメ、アフリカのハイガシラスズメなどが人間のそばで暮らす。そして、だれかがその地位にいる場所に、ほかのスズメ類は入ってくることができない。入ってきても、最終的にどちらかが去っていく。

2　古代の人類とスズメの関係

出アフリカ

常に人間の近くにいたからこそ、じっくり観察されて、生態が由来の言葉も生まれることになった。「欣《きん》喜《き》雀《じゃく》躍《やく》」という言葉が生まれたのも、スズメが常に人間のそばにいたからだろう。十分な食べ物は、野生の生き物にとって明日の命を保証するものとなる。だから、安全な空間で十分な食べ物が見つかったとき、それを急ぎついばむのも本能だ。「嬉しい」に近い感情は、おそらく鳥の脳内にもあるが、人間のように目立つかたちで表に出てくることはほとんどない。

それでも人間の目には、嬉しそうな様子に見える。

たとえば人間が意図的に撒いた食べ物に群がって、細かく位置を変えながら我先にとついばんでいるスズメの姿は、いつもより俊敏で、活発で、その姿は人間の目には嬉々としているように見えてしまう。「欣喜雀躍」は、そんなところから生まれた言葉ではないかと推測している。

では、そんな挙動を見せてくれるスズメは、いったいいつから人間のそばにいたのだろう。

現生人類、ホモ・サピエンスは二十万年前（三十万年前という説もある）にアフリカで誕生し、世界の各地に散った。スズメ属誕生の時期ははっきりとはわかっていないものの、誕生の地がアフリカだったことはたしかである。

スズメやイエスズメ、ニュウナイスズメ、スペインスズメなどは、現在おもにユーラシアに分布するが、彼らの祖先が生まれたのはアフリカであり、イエスズメの本来の生息地もアフリカ、ナイル川下流域と考えられている。今なお、多くのスズメ属の鳥がアフリカで暮らし続けている。

ホモ・サピエンスの「出アフリカ」と前後する時期に、スズメ属の一部もそれを追うようにアフリカを出てユーラシアへ移動し、あらためてホモ・サピエンスと出会ったのも事実のようだ。

約一万年前、人類の土地への定着が強まり、畑作も始まる。家をつくる暮らしを始めたころ、すでに人類のそばにはスズメたちがいたと推察されている。

食された鳥も、もちろんいただろう。それでも人間のそばで暮らすことには、危険以上のメリットがあると察したスズメは、その後も一定の距離で人間と関わり続け、今にいたる。

減るスズメ

長く人間のそばにいたスズメ。だが、冒頭でもふれたように、スズメは数を減らしている。日本のスズメだけでなく、ヨーロッパのイエスズメも激減している。イギリスのイエスズメは二十世紀半ばまでの一割にも満たないという報告もある。

家屋の変化はもちろんある。日本もヨーロッパもスズメが営巣できる家屋が減ったのは事実だ。だが、減少の原因はそれだけではないようだ。温暖化による気候変動の影響、農薬使用による昆虫類の激減ほか、重なる複数の要因がスズメやイエスズメの生息、繁殖に影響を与えている。

その原因の解明と保護するための対策は、まだ始まったばかり。一万年におよぶ人間とスズメの関係が今後どうなるのか、それに対して人間になにができるのかが、今、問われている。

3　神話や伝説の中のスズメ

スズメは貧相？

ごくわずかであることを示す「雀の涙」という言葉もあるように、「小さい。地味。取るに足らないもの」というのが、世界に共通するスズメの印象である。「旧約聖書」の「詩篇」にもスズメが登場するが、やはりここでも「価値の低いもの」とされている。

古代エジプトの象形文字であるヒエログリフには、エジプトハゲワシやフクロウなどとともに、スズメとツバメを示す文字もあった。両者は対比して使われることも多く、ツバメには「大きい、偉大な」などの意味がある一方で、スズメには「小さい、弱い」などの意味があったという。

ヒエログリフが少なくとも五千年前には存在していたことを考えると、スズメの基本的なイメージはこの五千年間、あまり変化していない印象を受ける。

体の小ささや地味な色合いから、各国で「見すぼらしいもの」という印象ももたれたスズメ。それがよく伝わってくるのが、日本語の「着たきり雀」という表現だろう。シャレ、駄洒落の流行った江戸時代には、有名なことわざや芝居の科白などをもじった言葉遊び（地口《じぐち》）も流行った。これもそうで、見てわかるとおり、よく知られた「舌切り雀」のもじりである。

スズメはどうやっても、「きれいとはいえない一張羅をいつも身にまとっている」という印象がぬぐえなかったらしい。人の身近にいて、生活のすべてをさらけ出していることが、そうしたスズメの地味な印象をつくりあげたことはたしかである。

スズメは好色？

だが、おなじその習性や姿が、まったくちがった印象を生んだ例もあった。興味深いのが、スズメを女神アフロディーテの「聖鳥」とするギリシア神話由来のイメージだ。

イメージやシンボルについて解説する辞典は、スズメのイメージを「好色や愛情」、「性愛」と紹介する。一見、女神の聖鳥にはそぐわないイメージに思えるが、アフロディーテのことをより深く知ると、不思議ではないことに気づく。

美の女神とされるアフロディーテは、実際には「美と愛と性を司る」女神である。彼女の愛はプラトニックなものではなく「性愛」。それゆえ、スズメのイメージとは乖離しないと『鳥と文学とエッセイと』において桝田隆宏氏は語る。

たしかにスズメやイエスズメは、安全を確信した場所であれば、人の前でもはばからずに交尾をする。何度も繰り返してみせる。人間の家や納屋に営巣するなど、どんな鳥よりも人の身近にいたがゆえに、交尾を目にする機会は家禽以外のどんな鳥よりも多い。

交尾もまたスズメにとっては自然な営みである。もとより、鳥たちに「恥じらう」という感覚はない。それゆえ人間からすれば、「自由奔放」とさえ感じられる姿を見せる。

そうした点をふまえて見ると、たしかに「好色や愛情」というイメージをもたれてもおかしくはない。ギリシア神話のようなスズメ観も、たしかにあると実感する。

神話・伝説の中のスズメの立ち位置

日本の神話や伝説の中のスズメにもふれてみたい。『古事記』では、高天原《たかまがはら》から地上に派遣されていたアメノワカヒコ（天若日子）の葬儀の場面で、米を突く「碓女《うすめ》（『日本書紀』では舂女《つきめ》）」の

鳥山石燕の『今昔画図続百鬼』より
「入内雀」。国立国会図書館収蔵

役でスズメが登場する。

碓女というのは、臼で米を突く女を意味している。当時の人々も、人間のまわりで米をついばむ鳥としてスズメの姿が第一に脳裏に浮かんだのだろう。スズメと米の関係性の古さと深さをあらためて実感する設定である。

ちなみに『古事記』や『日本書紀』と前後して編纂された『万葉集』には、スズメは直接には登場しない。この点について専門家は、「身近すぎて歌にするまでもないという意識が歌人のあいだで働いたためではないか」と指摘する。スズメは歴史の初期からそこにいるのがあたりまえで、空気のように人の認識から外れてしまう存在だったということだろうか。

その後スズメは、鎌倉時代初期に成立した『宇治拾遺物語』などに報恩譚のかたちで登場する。これが、子供向けの物語として語り継がれている『舌切り雀』の原点である。

さらに時が進んだ江戸時代。狩野派の画家であり、狂歌師でもあった鳥山石燕《せきえん》の『今昔画図《こんじゃくがず》続百鬼《ぞくひゃっき》』（『画図百鬼夜行全画集』収録）の中には、「入内雀《にゅうないすずめ》」という絵があった。

鎌倉時代の説話集『古事談』ほかによると、一条天皇の時代の有名歌人である藤原実方《さねかた》が、殿上での失態を理由に陸奥に左遷となり、その地で没した。その後、毎朝、スズメが清涼殿に上がり込み、台盤所の米（飯）をついばんで平らげるようになったが、この鳥こそが藤原実方の魂が化身したスズメであるという噂が立った。実方の怨念がスズメとなって恋しい京の内裏にやってきたと人々は考えた。

勧学院（平安時代にあった藤原氏出身の学生のための教育施設）の住職の夢にも登場し、自分のために経を読んでほしいとスズメが語ったというエピソードもある。時期を等しくして、田の米などの作物を酷く食い荒らしたスズメも実方の怨霊の化身という噂が立った。

こうした伝承を妖怪絵として描いたのが鳥山石燕だった。

この話がニュウナイスズメ（入内雀）の名前の由来と語られることもあるが、一般には、「にふない（にゅうない）」は、新穀の収穫にあわせて行われる宮中祭事のひとつでもある新嘗祭の「新《にい》嘗《なめ》」がなまったものという説が妥当と考えられている。

4　スズメと暮らす

スズメを飼う

警戒心の強い鳥ではあるが、スズメも雛から育てるとよく懐く。平安貴族はそれを「雀の子飼い」と呼んだが、ヨーロッパでも同じようにして、スズメを飼い馴らすことがあったようだ。

十八世紀の詩人マッシュー・グリーンの詩に「スズメとダイヤモンド」という作品がある。

ここに登場するスズメは飼育されている人馴れした鳥であり、その飼い主は若い上流階層の女性である。ほのぼのとした始まりとは裏腹に、この詩では、ダイヤモンドを取るかスズメの命を取るかの選択の末、スズメが殺されるというオチとなる。欲望が愛情に勝る結果が描かれていた。

日本での雀の子飼いは平安時代以降、千年以上にわたって行われ、江戸時代の随筆の中には、足もとにいて踏まれたり、人間の食べ物を口にして死ぬなど、馴れた鳥だったがゆえに起きた痛ましい事故と、それに対する飼い主の苦悩が描かれたものまで存在した。

日本における手乗り鳥の原点はスズメ。手乗りブンチョウが誕生する以前にそのポジションにいたのは身近な鳥、スズメだった。

コラム　ものさしとしてのスズメ

大人から子供まで、だれもがよく知る鳥であるがゆえに、鳥類図鑑などに鳥のサイズを記載する際、スズメは「大きさを示す基準」にされ、辞書などでもそれが踏襲されてきた。

小鳥の場合、「スズメと比べて大きいか、小さいか、おなじくらいか」をひとつの基準とする。もう少し大きい鳥では、ムクドリ、ハト、カラス（おもにハシボソガラス）が基準になる。

一般的な鳥類の図鑑では、スズメ大、ムクドリ大のほか、スズメより大きくムクドリより小さい、などの紹介文を見る。つまり、スズメは「ものさし」でもあった。

さらには、そのものさしが、ほかの生き物の名に転用されることもあった。

身近なところでは、植物と魚類だろうか。植物には、スズメムギ、スズメノエンドウ、カラスムギ、カラスノエンドウなどの名前があり、魚ではスズメダイなどが挙げられる。おなじグループに属するものの中で、サイズの小さいものを「スズメ」と呼ぶ傾向があった。

ただ、昆虫の場合は状況が少し異なる。スズメバチ、スズメガ、ともに「小さい」から来ていない。

スズメバチは「スズメほどある大きなハチ」、または「巣の模様と配色がスズメのようなハチ」、スズメガは「スズメのように俊敏なガ」というところからつけられた名前だという。命名の世界もとても奥が深く、興味深い。

第3章　アオサギとハイイロペリカン

1　アオサギのいる世界

直立するアオサギ

人間のように立ち、二本足で歩く哺乳類はほとんどいない。遺伝子が近いはずのチンパンジーでさえ、直立姿勢で生活はしない。

一方、前肢を翼にしてしまった鳥は、必然的に二本足で暮らす。二足歩行という点においては、哺乳類よりずっと人間に近い。それでも鳥は、人間のようには直立しない。

ダチョウやアヒル、ニワトリなどを見てもわかるように、地上で立ったり歩いたりする際、背骨が地面と平行になる鳥も多い。鳥は現代まで生き残った恐竜そのものという主張が示すように、

すくっと直立するアオサギ。こうした姿勢を見せる鳥はなかなかいない。

鳥の立ち姿や歩行姿勢は祖先の恐竜の相似形となっている。

なのだが、地面に対して垂直に立つ鳥が皆無というわけではない。コウテイペンギン、ジェンツーペンギンといった南半球で暮らすペンギン類は、地面に対してほぼ垂直に立つ。人鳥《じんちょう》という異称もだてではない。

では、すくっと直立する鳥が人間の生活圏にまったくいないかといえば、そんなことはない。

実は身近にもいる。たとえば、日本最大のサギであるアオサギがそうだ。

過去に見かけたアオサギの姿を思い出してほしい。浅い川中に佇んでいるときなど、垂直な姿勢で立つ姿を見ることもあるはず。彼らは本当に、すくっとまっすぐに立っている。鳥がこんな姿勢で立てるのかと驚嘆するほど、地面や水面に対して垂直に立つ。

個体差もあるが、アオサギは最大のもので一メートル近い体長をもつ。まっすぐ立つと、子供の背丈ほどの高さがある。小さな鳥ではない。それどころか、身近な鳥としては最大クラスの種である。

人間は怖い存在ではないと学習した個体は、とくになにもしなければ、かなり近くまで寄ることもできる。堂々とした姿を、かなり間近で見られる。

漁でこぼれた魚や、水族館の飼育動物のエサが目当ての場合などを除いて、みずから人間に近寄ってくることはほとんどないが、いずれの場合も、その意識の中では、おなじ空間に人間がいることを許容しているように見える。

鋭い目と嘴をもつアオサギ。その容貌には凛々しさも見え、威風堂々とした姿に、ある種の神々しささえ感じられる。そんなアオサギに不思議な親近感をおぼえる人も、きっといるにちがいない。筆者のように。

このような姿で強い存在感を示すアオサギは、人間にさまざまなイメージを植えつけてきた。古代エジプトでは神そのものになった。近世の日本では、妖怪のイメージさえもたれた。

神と妖怪。人間が抱いたアオサギのイメージには、真逆ともいえる面が存在したが、それを生んだのは、おなじその挙動と姿である。

かつて神だったアオサギ

古代エジプトの人々が崇めた、霊鳥にして神でもある存在、「ベンヌ」。ベンヌは、一年を通してナイルの河畔に生息しているアオサギがモデルとされる。

獲物となる魚を探して川の浅いところをゆっくりと歩き、ときに足を止め、人間のようにまっすぐに身を起こす。陽の光をたっぷり浴びるために、その場で翼を広げ気味にして直立する姿も見られたはずである。

ベンヌという名の語源は、当時のエジプトの言葉で「立ち上がる者」を意味した「ウェベン」という説もあるが、当時の人々がそう感じたとしてもおかしくはない。

古代のエジプトでは、神は鳥獣の頭部をもった人間の姿で描かれることも多かったが、ベンヌはそうした姿を取ることもなく、アオサギのままの姿を維持した。本来の姿でも十分に神々しいアオサギは、わざわざ人間の姿を取る必要がなかったのかもしれない。

言い伝えによれば、天地や神々を創造したとされるアトゥム神は、「原初の混沌の海」＝「ヌン」から、みずからの力、みずからの意思によってベンヌとして生まれたという。なお、アトゥム神は、のちに太陽神ラーと習合して、「ラー・アトゥム」とも呼ばれるようになった。

また伝説には、ベンヌが混沌の海から太陽の卵をすくいあげ、それを抱いて孵《かえ》したことで太陽および太陽神が生まれたというものも存在した。

いずれにしてもベンヌが、古代エジプト神話における「はじまりの存在」だったことはまちがいない。そうしたことからアオサギには、「世界で最初に生まれた鳥」という認識もあったとされる。

ベンヌは毎日、夜明けとともに生まれ、日暮れに死んでいく。ただし、その死は永遠ではなく、朝にはまた甦ってくる。つまり、生と死を内にもち、それを支配する者という認識がもたれたため、生と死を司る神であるオシリスとの関係も深いと、古代エジプトの人々は考えた。

こうした認識からベンヌは、アトゥムやラー、オシリスといった、古代エジプト神話の中心にいた「神の核」＝「魂」であるとも考えられていた。

五百年ごとに燃え尽きて死んでは、その灰の中から再生を繰り返すとされ、エジプトやギリシアにおいて聖なる鳥とされた不死鳥「フェニックス」のモデルも、ベンヌだったという説が唱えられている。

鳥類の中でのアオサギの位置づけ

サギ科の鳥は、極地およびその周囲と、灼熱の砂漠地帯を除いた世界の各地に生息している。このうちアオサギは、ユーラシアとアフリカに分布し、四亜種に分類される。ヨーロッパからアジア、アフリカに広く分布する亜種が基亜種。エジプトのアオサギはこちらに属する。

アオサギ。

日本で見られるアオサギは、日本のほかには中国北部から朝鮮半島にいたる極東、そこからインドネシアにかけての東南アジア島嶼《とうしょ》部《ぶ》に分布する。

ほかの二亜種は分布域がかなり限定されることから、ヨーロッパで見られる亜種と日本で見られる亜種の二亜種がアオサギのほとんどを占めている。なお、日本各地にいるアオサギと古代エジプトの神話に登場するアオサギは、異なる亜種の関係ではあるが、よく似た姿をしている。

一方、北米から中米には、アオサギによく似た、より大柄のオオアオサギがいて、南米にはナンベイアオサギが生息する。こちらもアオサギよりも大柄である。近い姿ではあるが、両種はアオサギの亜種ではなく、別種とされている。

アオサギは日本語では「青鷺」や「蒼鷺」と漢字表記されるが、その実、あまり青くはない。首から胸元は白く、翼はやや青みがかった灰色である。全体的に灰色が目立つ鳥であることから、英名も「Gray Heron」となっている。

奈良時代や平安時代など、古い時代の日本では、アオサギのことを「みとさぎ」と呼んでいた。「あおさぎ」という名が文献に登場するのは鎌倉時代くらいからで、長く二つの名前で呼ばれていたが、明治時代になってアオサギに統一された。

「みとさぎ」という名の由来は、はっきりとはわかっていないが、「みと」はおそらく水門を意味する「水戸」であり、大河の河口部や隣接する干潟、内海と外海の境界部などを意味していたという説が有力である。

川から田に水を引き込んでいる取水口の水門のあたりで見かけるほか、潮が引きつつある磯で小魚などを捕らえる姿もよく見る。

たしかにアオサギは、水戸にいるサギと実感する。

2　妖怪となったアオサギ

怪鳥としてのアオサギ

日本人の中には昔から、枯れたススキ（枯れ尾花）でさえ幽霊に見えてしまう怖がりがいた。そんな人間が薄暗がりに佇むアオサギを見て、驚かないわけがない。

だれもいないはずの川の中にすっくと立った細身の影。月明かりの中、しばらくしてその身が動くと、たしかに生き物のように見える。鳥のようだが、確信はもてない。「よもや、バケモノ。妖怪か？」と、思ってもしかたがない。

江戸時代には、さまざまな娯楽の流行があった。鳥を飼うことが庶民層にまで浸透したこともそのひとつで、芝居を見ることもそうだった。そうした流行のひとつに「怪談」があった。

江戸時代の中期以降、新たな怪談が求められて、毎年のようにさまざまな創作が行われた。そうした中で新たな妖怪が必要とされ、妖怪として紹介可能なものはなんでも妖怪にしてしまう風潮も生まれた。アオサギが妖怪にされたのも、そうした流れの中だったようだ。

鳥山石燕の『今昔画図続百鬼』に、「青鷺火《あおさぎのひ》」という妖怪の絵がある。解説では、「青鷺の年を経しは、夜飛ぶときはかならず其羽ひかるもの也。目の光に映じ觜とがりてすさまじきと也。」と紹介されていた。

『画図百鬼夜行全画集』には、石燕によって創作された妖怪がいくつもふくまれていた。石燕にとってアオサギは、妖怪として紹介したい、かっこうの素材だったようだ。

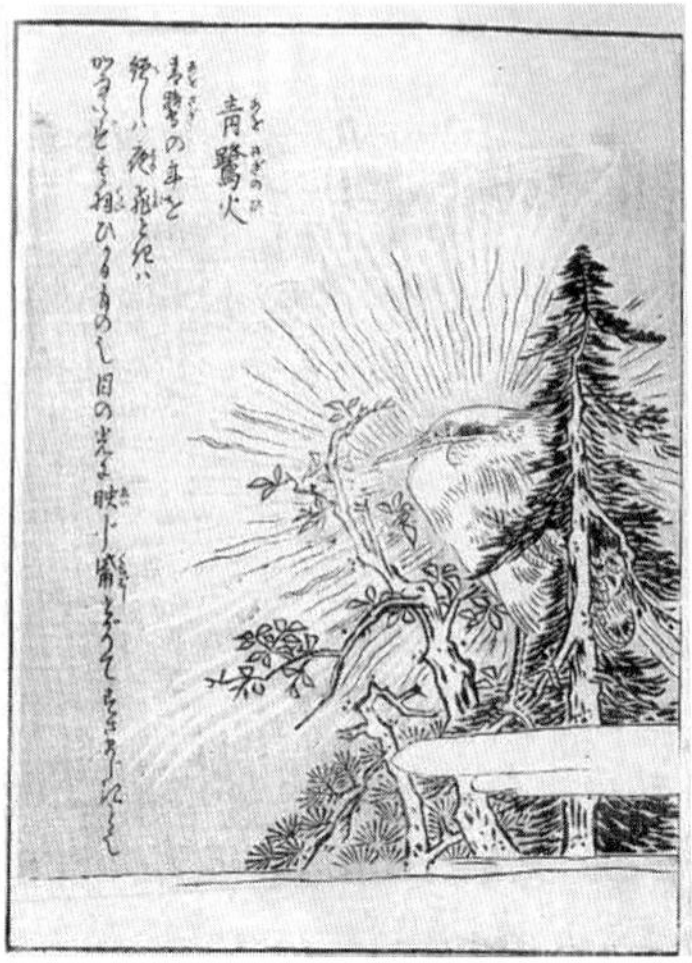

『今昔画図続百鬼』（鳥山石燕）より、「青鷺火」。国立国会図書館収蔵

ゴイサギとの混同

アオサギはまれに暗くなってから飛ぶこともあり、薄暮に川中や磯に佇んでいることもある。ただし、夜目はきくが夜行性ではないし、当然ながらホタルのような生物発光もしない。

大きさはちがっていたが、古い時代には、羽毛色の近さからアオサギとゴイサギが混同されたこともあった。ゴイサギ（五位鷺）はほかのサギ類とはちがって夜行性で、夜間も飛ぶ。

元禄十年（一六九七年）に刊行された人見必大《ひとみひつだい》の『本朝食鑑《ほんちょうしょっかん》』には、「凡《およ》そ五位鷺は、夜に飛行するとき、火のような光があり、月夜にはもっとも明るい」とあった。これがアオサギのこととされ、石燕らによって、都合よく妖怪化されたものと考えられる。

だが必大は、「ゴイサギは鳥であって妖怪ではない」と釘をさすことも忘れない。「水辺に立ったその姿にびっくりした人間が、『妖怪！』と思い込むことで妖怪にされてしまうのだ」と、注意を促すように綴っていた。

なお、ゴイサギの名の由来として、天皇に命じられた役人または五位の蔵人（天皇の秘書的役割を果たした官）がゴイサギを捕まえようとした際、逃げようとしたゴイサギに「天皇の命であるからおとなしく捕獲されるように」といったところ、おとなしく捕まったことから、よろこんだ天皇（醍醐天皇）が五位を与えたという話が『平家物語』ほかにあり、名の由来としてまことしやかに伝えられている。先に引用した『本朝食鑑』にもその記述があった。

だが、そうした史実はおそらくない。実際にゴイサギがその名で呼ばれるようになったのは、平安時代や鎌倉時代ではなく、室町時代以降だからだ。

とはいえ、この逸話は広く世に浸透したようで、能においても、『鷺』という演目で現代まで伝えられている。ただし、能の『鷺』では、鳥はシラサギに変更されていて、演者が頭上につける鷺を模した冠（鷺冠《さぎかんむり》）もシラサギだ。冠には、実際にコサギの飾り羽が取りつけられていた。

蛇足になるが、サギ類の生物学的分類に関して、あとひとつだけ補足をしておきたい。

ダイサギ、チュウサギ、コサギほか、白系のサギをまとめてシラサギやシロサギと呼ぶが、ダイサギ、チュウサギはアオサギの仲間であるアオサギ属であり、コサギやクロサギはコサギ属に分類されている。色合いだけで分類はできない、ということがここからわかる。

アオサギをテーマとする文学にも少しだけふれておこう。アオサギが登場する近現代の文学作品は日本ではあまり多くはない。小鳥に目が向きがちな当時の一般の日本人の認知からは少し遠い鳥だったことも影響したかもしれない。欧米の文学では、ロマン派の詩人であるワーズワースの詩集をはじめ、複数の作品が存在する。小説としては、ケネス・リッチモンドの『アオサギのガース』があると、『幻像のアオサギが飛ぶよ』において佐原雄二氏は紹介している。

3　食料としてのサギ

鷹狩りの獲物

古代においては、サギ類も当然のように食料となった。時代が進んでも、継続して多くの国で食材とされたが、奈良・平安時代の日本では、仏教的宗教観から鳥獣食を忌避する傾向があったため、サギを食べた記録は見つからない。見えるかたちで記録が残るのは室町時代以降となる。江戸時代になるとサギは、将軍家ほかの鷹狩りの対象となり、家臣の上層の武士にも肉が提供された。『本朝食鑑』によれば、サギ類の中で味がよいのはアオサギで、シロサギよりも美味だったという。ゴイサギも食材とされたが、冬になると味が落ちると解説されていた。

サギ類はもちろん、ヨーロッパにおいても鷹狩りの対象となっていた。『シェイクスピアの鳥類学』（ジェイムズ・E・ハーティング著）によると、「昔のシティーの祝宴や王族の宴会では、他の珍味に取り合わせてサギが必ず食卓に上がった」という。

大きな祝宴では、なんと四百羽ものサギが調理され、ふるまわれたこともあったらしい。なんとも膨大な数である。

ヨーロッパにもアオサギがいて、ゴイサギも夏になるとアフリカから渡ってくる。宴では、こうしたサギたちも食されていたのだろう。

ところで、サギを食材とする興味深い小説が、実は日本にある。宮沢賢治の『銀河鉄道の夜』がそうだ。

作中の「鳥を捕る人」の章で、登場する鳥捕りが、捕らえたツルやサギをつぶして食材として提供する。花を押し花にするように鳥を押しつぶし、平たくする。その際には「押し葉にする」という表現が使われていた。

作中で押し葉にされたのは真っ白なサギ。「頭の上の槍のような白い毛もちゃんとついていました」とあることから、冠羽《かんう》のあるコサギだろうか。読み始めた当初は、干し肉のようなものを想像したが、登場人物曰く、「お菓子の味」だという。

こういうところも作家の感性なのだろう。宮沢賢治は多くの詩や童話などにサギを登場させたが、『銀河鉄道の夜』のような描き方は、かなり特殊という印象が強い。

ちなみに鳥を剝製にする際、生前の姿を再現した立体的な剝製ではなく、体を伸ばした状態の仮剝製にすることもあるという。そうすることで保存庫などへの大量収蔵が可能になるほか、ほかにも多くの点でメリットがあるらしい。国松俊英氏は『宮沢賢治　鳥の世界』の中で、押し葉という形状は仮剝製をつくるところからイメージを借りたのではないかと推察している。

4　ペリカンの文化誌

ペリカンの位置づけ

かつてコウノトリ目に分類されていたトキ科、サギ科の鳥は、二〇一二年の新分類によりペリカン目に移動した。同時に、ハシビロコウ（ハシビロコウ科）もペリカン目に編入された。姿はかなり異なるが、アオサギやゴイサギも進化上はペリカンに近いということになるらしい。

ペリカン目からは、ペリカン科以外の科がすべてのほかの目に移動し、すっぽり空いた場所にサギやトキが加わったため、最新の鳥類分類は、だいぶ様変わりをした印象がある。

ペリカン科の鳥は、ハイイロペリカン、モモイロペリカン、カッショクペリカンなど八種のみ。最大種のハイイロペリカンは、室町時代以降、迷鳥として何度も日本に飛来した。近年はモモイロペリカンとアジア東部に生息するホシバシペリカン（フィリピンペリカン）も飛来している。

日本人には少々、縁遠く思える鳥だが、ペリカンが生息している国では、国章に描かれたり、国鳥に指定されていたりもする。たとえばカリブ海東端に位置する島国バルバドスの国章には、ペリカン科で唯一の海鳥であるカッショクペリカンが描かれている。

法的に定められたものではないが、ルーマニアの人々はモモイロペリカンを国鳥として認めている。モモイロペリカンはカスピ海以西のアジアからヨーロッパで繁殖しているため、ヨーロッパの人々にとっては、けっこう身近な鳥なのだという。

ふだんのモモイロペリカンは、「White Pelican」という英名のとおり、少しだけピンクがかった白い鳥である。それが繁殖期になると、全身の白い羽毛が桃色に変化することが名の由来である。桃色に変化した羽毛は、「婚姻色」と呼ばれるもの。日本のコサギの目元が繁殖期に淡いピンク色に変化するのも、婚姻色である。

実は、先に紹介したアオサギにも婚姻色がある。黄色だった嘴が春になると朱色～ピンク色に変わり、足も赤みを帯びた色に染まる。想像（妄想）をめぐらすなら、この時期に明るくなった嘴などの色を見て、「光っているみたいだ」と感じた者が、妖怪のイメージを強めた可能性も、もしかしたらあったのかもしれない。

ペリカンの利用

ペリカン類は、いずれも日本には生息しない鳥だが、度重なる飛来によって江戸時代には知識階層を中心によく知られた鳥となっていた。

日本におけるペリカン飛来の最古の記録は、永享二年（一四三〇年）に京都の伏見にあった船着場（船津）で漁師に捕らえられ、御所に運ばれたというもの（『看聞御記《かんもんぎょき》』）。飛来したのはハイイロペリカンで、承応三年（一六五四年）には盛岡藩で撃ち落とされた記録もある。

水戸黄門の名で知られる水戸藩主・徳川光圀の逸話集である『桃源遺事《とうげんいじ》』（元禄十四年／一七〇一

『江戸買物独案内』（文政七年、一八二四年）（中川五郎左衛門編）より。国立国会図書館収蔵

年編纂）にも、江戸・小石川の水戸藩の屋敷にペリカンが落下した記録が残っている。

ほかにも、常陸国土浦、大坂堺、松前藩領内など、国内のさまざまな場所で捕獲されたり撃ち落とされたりした（磯野直秀「珍禽《ちんきん》異獣《いじゅう》奇魚《きぎょ》の古記録」）。なお、ペリカン類の飛来記録の多くが八〜十月であることから、台風によって運ばれた可能性も指摘されている。

生きて捕獲されたペリカンは見世物にもされた。江戸の市中で捕獲されたペリカンは、延享元年（一七四四年）の二月に浅草寺で見世物になっている（浅草寺日記）。国立国会図書館収蔵の「ガラン鳥図」は、文久二年（一八六二年）八月に尾張国熱田の桜新田で捕獲されたペリカンをスケッチしたものである。

鳥は年に一、二回、羽毛が生えかわる換羽《かんう》をするが、ペリカンの抜けた羽根も、大きな風切羽を中心に、ワシ・タカほかの羽毛を扱う専門の問屋（萬羽根問屋）に売られ、個人に向けて販売されたことが判明している。

茶席で使う羽箒《はぼうき》のうち、「大鳥」のものとされた羽箒がペリカンの風切羽を使ってつくられたものであったことが、『茶の湯の羽箒』（下坂玉起著）において指摘されている。

「ガラン鳥図」。熱田で捕獲されたペリカンのスケッチ。国立国会図書館収蔵

第4章　インコとオウム

1　人の言葉を話す鳥

話すイメージができた理由

　インコやオウムのすべてが人間の言葉を話すわけではない。実際は、言葉を話せる種のほうが少ない。それにもかかわらず、「インコやオウムは人の言葉が話せる」というイメージができあがり、特徴として定着したのは、ギリシア・ローマ世界の人々が最初に認知したインコが人の言葉をおぼえて話せる種だったこと、そして話せる鳥が人気となって、長期にわたり多数が輸入されたことが大きく影響した可能性が高い。

　ヨーロッパに持ち込まれたインコが人の言葉を話せたのは、生息地のインドにおいて人に飼われ、話す訓練を受けていたためだ。そうした能力に魅力を感じたからこそ遠征者は、その鳥を譲り受け、連れて帰ることにしたと推察する。

なお、その鳥は、文献にはオウムと記されているが、分類学的にはオウムでなく、インコであったことがわかっている。

日本もある意味、同様だった。歴史の初期に、当時の日本人が見たインコやオウムは新羅《しらぎ》や百済《くだら》といった朝鮮半島にあった国から贈られたものだったが、この鳥たちもまた来日以前から人に飼われ、人馴れしていた鳥だったと推察される。

そのため、渡来した時点で人の言葉が話せた可能性は高い。そうした鳥だったからこそ、国と国との友好の証に贈るものとして価値があると考えられたのだろう。そして、このような鳥が贈られ続けたことで、「オウムはしゃべる」という印象が日本人の心に強く刻まれることとなったと考えられる。

平安時代まではインコという言葉は存在しなかった

日本において、人の言葉を話すインコ目の鳥は、古い時代はほぼ例外なく、「オウム」と記された。しかし、平安時代までの文学や日記ほかの文章に「オウム」と書かれた鳥は、おそらくそのほぼすべてがインコだったと考えられる。

両者が混同されたわけではない。平安時代までの日本にはインコという言葉がなく、インコ・

オウムの類はすべて「おうむ（あふむ）」と呼ばれたためだ。インコ目の鳥を「オウム」と呼ぶのは、かつての日本語では正しいことだったのである。

和歌の手法としての「おうむ返し」が生まれたのは平安時代だが、まだインコという呼び名がなく、『枕草子』にも見られるように、「話す鳥＝おうむ」という共通認識が宮中を中心にあった時代だったため、必然的に「おうむ返し」という表現となった。

もっとも、「おうむ返し」になじんでしまった影響もあるかもしれないが、「鸚哥《いんこ》返し」というより「鸚鵡《おうむ》返し」のほうが語感がよく、しっくりくる気もしている。

その語源となった鳥は、インコ目の分布や、この時代のアジア内の人の手による鳥類の移動などを総合的に考えると、ほぼ百パーセント、インコである。そしてその鳥は、ギリシア・ローマ世界が最初に認知した鳥か、その近縁種だった可能性が高い。

奇遇と思われるかもしれない。だが、それは偶然ではなく、必然に近かった。なぜならオオホンセイインコに代表される、このグループの鳥＝ホンセイインコ属は、西・南アジアから中国、インドシナ半島にいたる広い範囲に加えてアフリカにも生息するなど、インコの中でもっとも広範囲に分布するグループだったからだ。

また、分布の中心であるインドの周辺において、この鳥は文明の初期からずっと人の暮らしの近くにいた。大きな声と緑色の羽毛が目立つ鳥であり、訓練すれば話すことも古くから知られていた。早くからそれを理解していた、古代インドおよびその後にインドの地に誕生した国々の支配層は、愛玩鳥として彼らを手許に置いた。そんな鳥だったのである。

日本人が知ったのは明治時代以降。比較的小柄だったため、インコの仲間と見なされれて「オカメインコ」の名がつけられたが、実際には世界最小サイズのオウムである。

明確に分けられたのは二十世紀末

「オウム」という言葉が生まれてから五百年もの時を経て、日本には「インコ」という言葉が誕生する。しかし、言葉ができたのちも両者が厳格に分けられることはなく、長期にわたって混同されることとなった。

つけ加えるなら、国際鳥類学会議によってインコとオウムが明確に線引きされ、インコ目のすべての鳥がインコ科、オウム科のどちらかに分類されたのは二十世紀も末になってのことである。

それでも、欧米作品などの翻訳においては、いまだに曖昧な部分を残したままとなっている。残念なことに、「パロット（parrot）」という単語は「オウム」と訳すという古い慣例が今も生きており、最近の書籍や雑誌・新聞の記事においても、オウムという訳語を見る。

ただしそれは日本だけの問題ではなく、欧米各国の書籍などにおいても、インコ・オウムの科の記載が厳格でないものがいまだに多いせいでもある。いずれにしても、翻訳された欧米の書籍、史料において、中世までの文学作品ほかに出てくるオウムと呼ばれた鳥は、ほぼインコである。

江戸時代になると、両者の分類に対して、「大きいもの↓オウム、小さいもの↓インコ」と呼ぶようになった。『本草綱目』や『本朝食鑑』などの本草書に「大なるものを鸚鵡となし、小なるものを鸚哥となす」や、それに類した記述が残る。それもひとつの指針となって、明治時代以降の分類にも影響を与えた。

結果、オウムの仲間であるオカメインコやモモイロインコに「インコ」の名がつけられ、それが定着してしまうなど、明治時代以降も不正確な分類が続いた。また、一度つけられた名前は簡単には変更できないため、名称でのインコとオウムのねじれは今後も続いていくことになる。

2 インコとオウムの生息地と過去の理解

インコとオウムの分類

インコ目は、オウム科とインコ科の二科に分かれる。

インコ科の鳥が南極を除いたすべての大陸に分布し、三百以上の種を数えるのに対し、オウム科はわずか二十種ほど。フィリピン南部からインドネシア東部、そこからニューギニア、ソロモン諸島にかけてと、オーストラリア大陸に生息。オーストラリアを除けば、ほとんどがアジア～オセアニアの島嶼部という狭い範囲に分布している。

ヨーロッパ人がオウムの存在を知ったのは、インコに比べてかなり遅かったため、中世までのヨーロッパにオウムが持ち込まれることはきわめて少なかったと考えられる。オウムに分類される鳥がヨーロッパに渡来したのは、スペインやポルトガル、続いてイギリスやオランダなどが世界進出し、競いながら支配地を広げようとした大航海時代以降がほとんどで、バタヴィアなど、インドネシアに貿易拠点がつくられた後となる。

ゆえに、史書などにオウムと記されていたとしても、それはインコである。

アレクサンドロス三世の東征後にヨーロッパに持ち込まれ、ギリシア・ローマ世界が最初に認識した話す鳥はインコであり、インダス文明から続く古代のインド諸国の周辺に分布し、この地域のさまざまな寓話にも登場するオウムと呼ばれた鳥も、実際にはインコだった。東南アジアでアンコールワットなどが栄えた時代、その周囲にいたのも、もちろんインコである。南米のマヤやアステカ、インカの人々の周囲にいたのもインコである。もともと中南米にはオウムは生息していなかった。

このような経緯もあって広い世界で長く混同されてきたインコとオウムだが、本書ではオウムかインコかはっきりわかるものについては、原著・史料に異なる名で記されていたとしても、できるだけ正確に記すようにする。

しゃべる鳥への関心と畏怖

子供向けの〝お話〟や寓話の中で、動物たちは人間とおなじようにしゃべる。ときに人間に訓戒を与えたりもする。――それは現実ではない、「物語」の中だから。

世の東西を問わず、動物が話すのはフィクションと考えられてきた。そこに一石を投じたのがインコやオウムだった。インコが人間社会の中に入ってきたとき、あたりまえのように話すことが、驚きをもって迎えられた。それは、人間は特別な存在、万物の霊長ではないのかもしれないと思わせる行動でもあったからだ。人間が信じてきたことが壊れるかもしれないと考えた者たちは、恐怖さえおぼえた。

オオホンセイインコ。姿はワカケホンセイインコに似るが、全長が55～60cm あり、ワカケホンセイインコの1.3～1.5倍ほどの大きさがある。ただし、体長の半分は尾が占めているため、体重はヨウムの３分の１ほどしかない。首のうしろ側の羽毛はオレンジ色をしている。

インコやオウムは人の発声のパターンを学習して、人間の言語らしき言葉をしゃべる。しかしそれは、みずからなにかを考えているのではなく、学習した言葉を口にするだけだと、当時の科学者や哲学者は力をこめて解説した。

インコやオウムは、物語に登場する鳥獣のように人間の言葉を語ってはいるが、おぼえた言葉を口にするだけだという専門家の話を聞いて安堵した者は多かっただろう。インコもやはり「動物」なのだと思うことで、心の安定が取り戻せた。

当時の人々は、まさか大型のインコやオウムが人間のように思考したり、いくつかの概念から新しい言葉をつくることができるなど、想像もできなかった。まして、ゼロの概念まで理解できるとは夢にも思っていなかった。鳥が哺乳類に匹敵する高度に発達した脳をもつことが科学的に証明されたのは、二十世紀も終盤になってのことである。

歴史の中のオウムやインコは、あくまで「ものまね鳥」であり、人間からすれば「生きて動く、言葉を話すおもちゃ」のような存在だったのである。

3　インコやオウムとヨーロッパとの関わり

マケドニアからローマに

アレクサンドロス三世（アレクサンダー大王）の東方遠征には多くの意味があったといわれる。アレクサンドロス三世は征服者ではあったが、同時に古代ギリシアの文化がオリエントの文化と融合し、新たにヘレニズム文化が生み出されるきっかけをつくった人物でもあったからだ。

人の言葉を話すインコがヨーロッパ世界に知られるきっかけをつくったのも彼だった。インドの西部に達したところでアレクサンドロスの東征は終了するが、配下の者がその地からオオホンセイインコを本国に持ち帰った。それがヨーロッパ人と「話すインコ」の出会いとなった。

インドから連れ帰ったインコは、「Alexandrine Parakeet（アレクサンドロスのインコ）」と呼ばれた。

まさかそのインコに自分の名が刻まれ、二千年経ってもその名で呼ばれ続けるとは、アレクサンドロス自身、想像もしなかったことだろう。なお、「Parakeet」というのは、長く先の尖った尾をもつ、一部の小形インコの総称とされる（ジーニアス英和大辞典）。

オオホンセイインコはホンセイインコ属の鳥であり、日本やヨーロッパ各国で移入種として大きな問題になっているワカケホンセイインコは、基幹種ホンセイインコの亜種である。つまり、

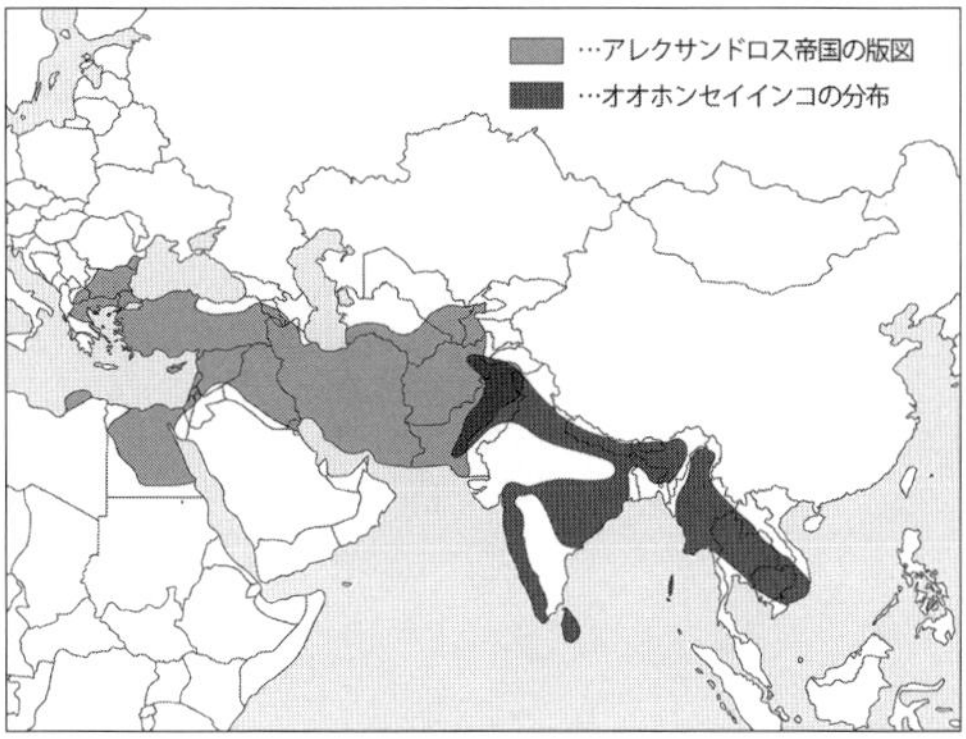

オオホンセイインコの分布地と、アレクサンドロス３世の最大占領地。

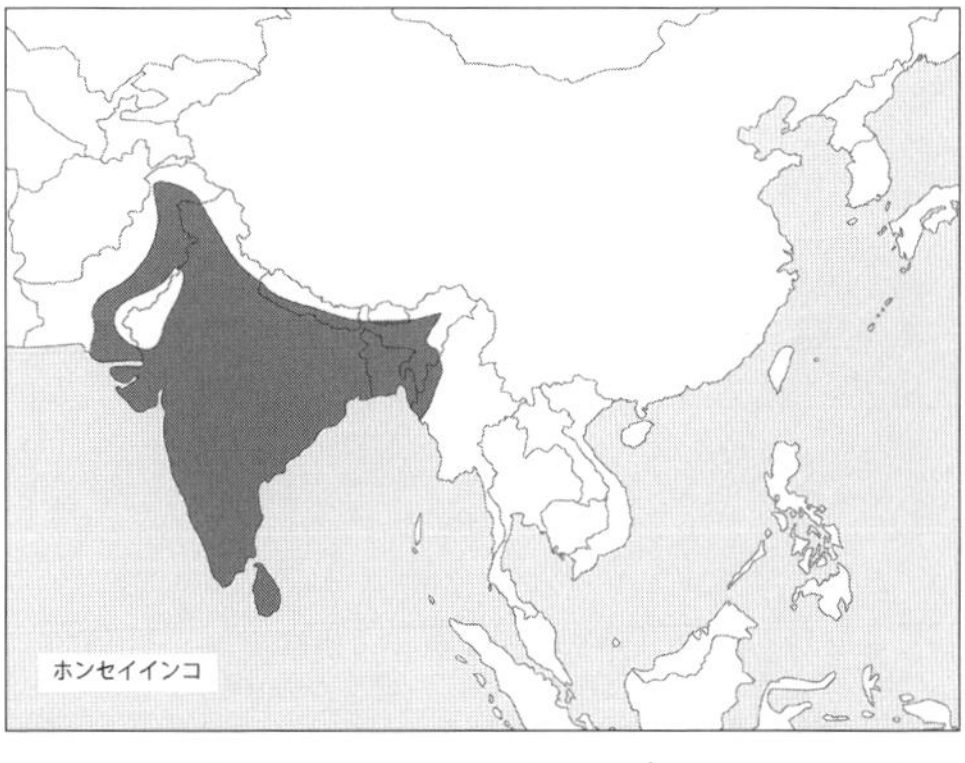

オオホンセイインコ、ホンセイインコ（ワカケホンセイインコはその亜種）などを含むホンセイインコ属は、もっとも広範囲に暮らすインコのグループである。図はアジアにおけるホンセイインコの分布。

サイズはちがうものの、オオホンセイインコはワカケホンセイインコによく似た鳥である。

ダルマインコ、オオホンセイインコ、コセイインコなど、ホンセイインコおよびその近縁種は、インドを中心に南アジアからインドシナ、中国南部にまで広く分布する。加えて、ホンセイインコにはアフリカに分布する亜種もいる。

飛鳥・奈良時代から平安時代に日本に来たインコは、史料中で解説される形状、絵として残る形状と分布域から、ダルマインコかオオホンセイインコだったと推測されている。近種のコセイインコは江戸時代に渡来記録があるが、ワカケホンセイインコが明治以前に渡来した記録はない。

ホンセイインコ属　和名と英名

◎オオホンセイインコ	**Alexandrine Parakeet**
◎ホンセイインコ （ワカケホンセイインコ）	Rose-ringed Parakeet Ring-necked Parakeet, Indian rose-necked Parakeet
◎ダルマインコ	Red-breasted Parakeet
◎オオダルマインコ	Lord Derby's Parakeet
◎コセイインコ	Plum-headed Parakeet

オオホンセイインコ。清の余曽三の『百花鳥図』より柳緑鸚哥の絵。国立国会図書館収蔵

ダルマインコも古くから日本に渡来していた。絵は増山正賢（雪斎）の『百鳥図』より。国立国会図書館収蔵

ヨーロッパ史の中のインコ

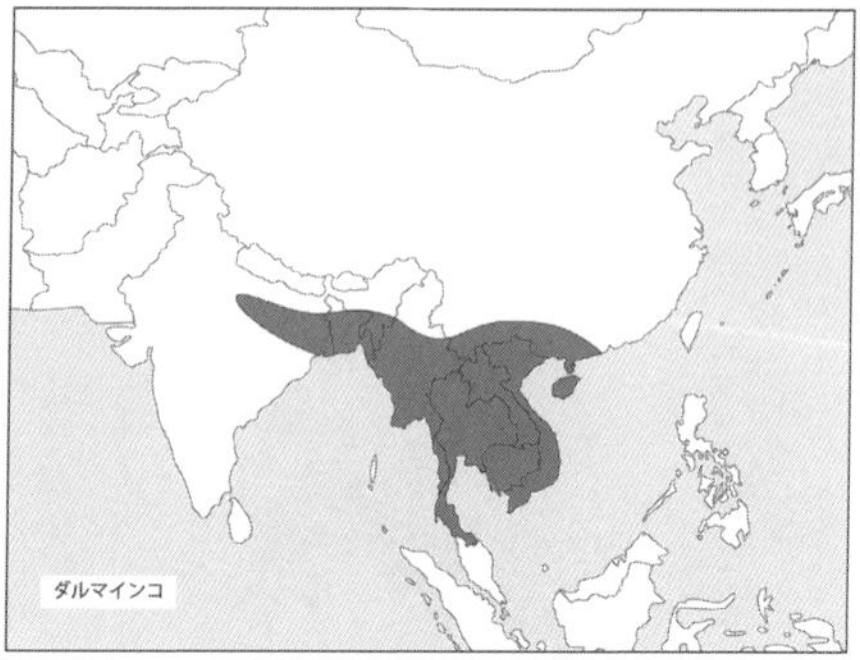

ダルマインコの分布

プリニウスは『博物誌』の中の「しゃべるオウム」の項に、「なかんずく鳥は人間の声をまねる。現にオウムはほんとうに人のことばをまねるのだ。インドはこの鳥をわが国に送ってくれるが、（中略）それの全身は緑色だが、色のちがうところは首にある赤い環だけである。この鳥は自分の主人に挨拶をする。そして教えた言葉を繰り返す」と綴った。もちろんこれは、オオホンセイインコである。

インドからの輸入ルートが確立されたことで、ヨーロッパには途切れることなく南アジアのホンセイインコ系のインコが入ってくるようになった。とくに共和国時代から帝政時代のローマでは、多くのオオホンセイインコが飼われていたようである。『変身物語』の著者としても知られる、紀元元年をまたいで活躍したローマの詩人オウィディウスが恋人のコリンナに宛てた恋愛詩『愛の歌』の中には、コリンナが飼っていたインコが亡くなった際に記したインコの死を悼む文章が含まれている。

さまざまな鳥を飼育していたローマ人にとっても、しゃべる鳥は興味深いもので、プリニウスの『博物誌』の中にも、インコのほかに、カササギ、ツグミ、ホシムクドリ、ナイチンゲール、

タペストリー「貴婦人と一角獣」の一枚。貴婦人がインコを見つめている。ここに描かれた鳥も、おそらくオオホンセイインコである。クリュニー中世美術館所蔵

ワタリガラスなどの会話能力にふれた解説が残っている。

ローマ帝国の崩壊後も、ヨーロッパには異邦のインコ類が持ち込まれたが、その状況が一変したのは、南北アメリカ、アフリカの奥地、東南アジアやオセアニアなどにヨーロッパ人が進出し、そうした土地からこれまで知られていなかったインコやオウムが渡来するようになってからである。

インコの中には色彩の点でも目立つものがいた。とくに南米から来たインコは体が大きく、色鮮やかなものが多かったことから、貴族たちはこぞって集め、宝石の自慢をするようにインコの自慢をした。画家たちは絵を華やかにする素材として注目した。千年以上も前からヨーロッパで飼われていたオオホンセイインコが、変わらず絵の素材とされたことはいうまでもない。

部屋を飾るタペストリーの中の素材にもインコが使われる例があった。たとえば、十五世紀末にフラ

ンスのフランドル地方で織られたと伝えられる六枚組みの「貴婦人と一角獣」という名で知られるタペストリー。よく知られたタペストリーだが、ここにもインコの姿が見える。おそらくこれも、オオホンセイインコである。

一方、音楽家たちは、それほどインコやオウムには関心を示さなかった。オウムやインコは鳴禽のようなさえずりはもたず、彼らの多くに高い音楽的才能を感じなかったためである。

飼い鳥の柱となったセキセイインコ

愛玩したり鑑賞したりするための鳥を国内で最初に求めるのは、貴族など、その国の上層階層である。国王やその親戚にあたる中世の貴族は、異国の動物を集めて私設の動物園をつくった。「メナージェリー」と呼ばれたそうした施設には、大型の哺乳類に加えて、大型の鳥類のほか、色鮮やかなインコやオウムが置かれたものもあった。

中世から近世においては、貴族のほかに裕福な商人も美麗な鳥を手許に置いて飼育することができたが、インコの飼育が庶民層にまで拡散する契機となったのは、オーストラリア大陸でセキセイインコが発見され、ヨーロッパにもたらされたあとである。

インコやオウムには繁殖させることが困難なものも多かったが、セキセイインコはその例外で、人間のもとでも容易に雛を孵すことができ、また生まれた雛を早い時期から人の手で育てることで、とてもよく懐いた。鳥の愛好家は、それをとても歓迎した。

カナリアなどの品種改良において大きな実績があったヨーロッパでは、当然のようにセキセイインコにも改良の目が向けられた。

変異を起こしやすい種であったこともあり、二百年ほどのあいだにさまざまな色変わりの鳥がつくられていった。その過程で大量の繁殖が行われ、数が増えたことで、セキセイインコは安価で売られるようになっていく。こうして、庶民にも手が届く「しゃべる鳥」になったのである。そうした鳥が明治から大正時代に日本に運ばれた結果、セキセイインコは日本でも人気となって現在にいたっている。

中世以降、ヨーロッパの文学作品ほかでは、「オウム（parrot）」という単語を使った表現が登場するようになる。たとえば「speek parrot」は、「（オウムのように、わけもわからず）べらべらしゃべる」という意味で使われた。「parrot」を動詞として使った場合、「オウムのように繰り返す」という意味となる。

4　日本に渡来したインコやオウム

正倉院の宝物の中のインコ

千二百年もの時を経た宝物が収蔵されてきた正倉院の正倉（宝庫）。そこには、飛鳥・奈良時代に日本に渡ってきた異国の玩具や楽器なども納められている。土の下から発掘されず、倉庫で保管され続けた千年以上も前の遺物・宝物は世界でも貴重といわれる。

琵琶にも似た、棹が長く丸い胴の四弦楽器「螺鈿紫檀阮咸《らでんしたんのげんかん》」もそうした宝物のひとつ。阮咸は唐代の中国でよくつくられた楽器である。この楽器の裏面に、二羽のインコ目の鳥が対称的に配置されていた。頭部に冠羽がないことから、この鳥はインコである。オオホンセイインコやダルマインコなど、ホンセイインコ属のインコがモデルと推察される。

このインコは嘴に細い帯をくわえている。鳥が花や木の枝、連珠をくわえている図柄は一般に「咋鳥文《さくちょうもん》」と呼ばれるが、そうしたものの一種の「綬帯文《じゅたいもん》」と呼ばれるデザインとなる。

文学、日記の中のインコ

オウム（インコ）が最初に登場する日本の文学作品は、清少納言の『枕草子』である。平安時代を代表する随筆、『枕草子』の中に、「鳥は」という項目があり、清少納言はそこに「外国の鳥であるオウムは、人の言葉をまねるそうですね」と綴っている。

伝聞のかたちで書かれていることから、清少納言はおそらく実物の鳥を見ていないが、それでも自身の作品の中でオウムのことを紹介したいと考えたようだ。

平安時代の後期に生きた公卿の藤原頼長は、その日記『台記《たいき》』の中で、藤原忠通のもとに献上されたオウム（インコ）を詳しく観察し、文章にしたためた。頼長が注目したのはオウムの舌で、

「人間のように話せるのは、人間に似た舌をもっているためだろう」と推察する。この解説から、その思考と観察眼は生物学者のような鋭さだったと感じられる。

　鎌倉時代になっても、御所のまわりには途切れることなくインコがいた。『新古今和歌集』や『小倉百人一首』の編纂者としても知られる歌人の藤原定家も、自身の日記『明月記』の中にインコのことを綴っている。『明月記』は五十六年間も書き続けられた息の長い日記だった。

　定家は、「色は青。嘴はタカのよう。柑子、栗、柿を食べ、人の名を呼ぶ」と解説した鳥の名称を、「鸚歌（カヒコ）」と記している。これは「インコ（鸚哥）」を意味していると考えられている。つまり、日本における「インコ」という名称はここから始まったと推察できる。以後、インコという呼び方が日本に拡がり、インコとオウムの二つの言葉が混在して使われる時代になってゆく。

螺鈿紫檀阮咸（出典：宮内庁 HP　https://shosoin.kunaicho.go.jp/treasures?id=0000010077&index= 3 ）

　定家が言う「色は青」は、「青葉」の青と同様に、おそらく緑を意味する。品種改良されたものを除き、全身が青いアジア産のインコはほぼいないからである。

インコの和歌と「おうむ返し」

鎌倉時代の初期に天皇の位にあった順徳天皇が『八雲御抄《やくもみしょう》』という歌論書（歌学書）を残している。順徳天皇が和歌等の技量を磨くために藤原定家に師事したことはよく知られている。国宝・重要文化財にも指定されている『八雲御抄』は、それまでに構築された歌論、歌学の集大成ともいえる大作だった。

この中に、手法としての「おうむ返し」が記載されていた。順徳天皇は、インコやオウムが人の言葉をそっくりにまねすることが「おうむ返し」の由来であると解説する。

順徳天皇は晩年、佐渡に配流となり、そこで没したが、流刑地でも『八雲御抄』を書き続け、定家が目を通したかたちで完成した。こうした事実から、監修・藤原定家としてもいいのかもしれない。いずれにしても、和歌の手法としての「おうむ返し」も、日常の会話の中での「おうむ返し」も、このときから日本に広がって現在にいたる。

老いた小野小町をシテ（主役）とする能の演目「鸚鵡小町《おうむこまち》」は、「おうむ返し」を題材とした作品となっている。百歳を数えた小野小町を慰問すべく、「雲の上は在りし昔に変はらねど　見し玉簾《たまだれ》の内やゆかしき」という帝の歌を携えて小町が暮らす庵を訪れた新大納言行家に、一文字「や」を「ぞ」に変えて、「内ぞゆかしき」と「おうむ返し」の手法で返歌を送る、というストー

日本に渡来したインコ・オウムの記録（室町時代までの抜粋）

和暦	西暦	鳥の種類	渡来先	記載
大化３年	647年	オウム	新羅	日本書紀
斉明２年	656年	オウム	百済	日本書紀
天武14年	685年	オウム×２	新羅	日本書紀
天平４年	732年	オウム	新羅	続日本紀
承和14年	847年	オウム×３	唐	続日本後紀
永保２年	1082年	オウム	宋	百練抄
承安１年	1171年	オウム	——	台記
応永15年	1408年	オウム、２対	漂着船	後鑑
天正３年	1575年	オウム	明	長崎略史

磯野直秀「明治前動物渡来年表」ほかをもとに作表。鳥の種類は史料のまま掲載したが、ここに載っているものは、ほぼインコであったと推察される。

リィになっている。

インコそのものを詠んだ和歌は、『正治初度百首《しょうじしょどひゃくしゅ》』（正治二年／一二〇〇年）の中の寂蓮法師（藤原定長）の作品が、おそらく日本で初だろう。この歌は、鎌倉時代に編纂された『夫木和歌抄《ふぼくわかしょう》』の中にも掲載されている。

「あはれとも　言ははや言はむ　言の葉を　返す鸚《おう》鵡《む》の　おなしこころに」

訳すと、「愛しいといえるなら言ってみようか。言われた言葉を返すオウムとおなじ心で」となる。

国産の鳥でないため、和歌に採り入れるのが難しいと感じられたのか、オウムが登場する和歌はその後もほとんど詠まれていない。貴重な作品である。

戦国時代以降のインコやオウムの渡来と背景

日本にインコやオウムを届けたのは、室町時代までは中国や朝鮮半島や東南アジアの国々だったが、戦国

江戸時代に日本に渡来したおもなインコとオウム

[インコ：アジア・オセアニア産] ・アカクサインコ ・アオスジヒインコ ・オオハナインコ ・ズグロゴシキインコ ・ゴシキセイガイインコ ・キムネゴシキセイガイインコ ・ズグロゴシキセイガイインコ ・ズグロインコ ・ヨダレカケズグロインコ ・オトメズグロインコ ・ショウジョウインコ ・ルイチガイショウジョウインコ ・コムラサキインコ ・サトウチョウ ・シュバシサトウチョウ ・コハナサトウチョウ ・ヒインコ ・ヤクシャインコ	**[インコ：アジア・オセアニア産]** （ホンセイインコ属） ・オオホンセイインコ ・ダルマインコ ・コセイインコ **[インコ：アフリカ産]** ・ヨウム **[インコ：中南米産]** ・キボウシインコ ・オオキボウシインコ **[オウム：アジア・オセアニア産]** ・タイハクオウム ・シロビタイムジインコ ・キバタン ・コバタン ・オオバタン

時代以降はオランダなど、ヨーロッパ人が中心となる。

とくに江戸時代は、大名などを中心に海外の珍しい鳥が求められ、なかでもインコに対する要望がとりわけ大きかったこともあって、多くの種、多数のインコやオウムが輸入された。

実はそれは、日本側の求めでもあると同時に、ヨーロッパ側の都合でもあった。

当時の貿易は、大型の船を使って何カ月もかけてヨーロッパに荷を運んだ。弱い生き物は長旅に耐えられずに死ぬことも多かった。

大西洋を渡るのはたしかに危険なこともあったが、航路が整備されたのちは、季節を選び、風を読むことができれば、それなりの期間で北米や中南米からヨーロッパに荷を運ぶことができるようになった。中南米産のコンゴウインコなどは、多くがヨーロッパに運ばれている。が、南米から遠い日本には江戸時代に運ばれた記録はない。

逆にインドネシアを中心とするアジアの鳥は、ヨーロッパまで健康を維持しつつ運ぶことが困難でもあった。商人としては、死んだ鳥では商売にならないため、鳥を大量に求め、かつ高値で買ってくれる日本に運んだほうがリスクが少なく、利益を得やすいという面もあっただろう。

また、捕獲はしたものの、ヨーロッパでは余り気味という情報が伝わってきた鳥は、日本に運んだほうが利益が出るという計算もおそらくしたはずである。

インコとオウムの名称

インコは色鮮やかなうえ、人の言葉を話すものもいる。真っ白な鳥といえばサギなど大型のものしか見られなかった日本で、人の腕にも乗るサイズの真っ白なオウムは、とても貴重な存在となった。

江戸時代に多数が飼育されたオウムやインコだが、庶民が買えるものではなく、将軍のほか、大名や旗本、大店の商人などが飼った。水戸藩主、徳川光圀がインコを輸入して飼った記録も残る。日本に持ち込まれたインコやオウムの一部は見世物に売られ、大坂の道頓堀や江戸の両国広小路などで見世物にもなった。

飼育者が限定されていたとはいえ、上層の武士を中心に、インコやオウムを飼う人間はそれな

ヤクシャインコ

名の由来は、顔の配色が歌舞伎役者の顔の隈取りと似ていたため。

ヨウム

アフリカ中部に生息する大型インコ。

ともに国立国会図書館収蔵

オオキボウシインコ

メキシコ〜グアテマラ、ベリーズに生息する大型インコ。国立国会図書館収蔵りにいたようだ。海外から輸入された鳥の専門飼育書『唐鳥《からとり》秘伝《ひでん》百千鳥《ももちどり》』といった書籍も書かれている。著者は城西山人《じょうせいさんじん》（巨仙《きょせん》）。本名は大久保勘四郎忠舒《ただのぶ》といい、直参の旗本で、江戸城の西丸御書院番をつとめた人物である。

海外から輸入された鳥は長崎に上陸した際に仮の名がつけられ、輸入記録としての絵が描かれた。そこに記された名がそのままその鳥の名になったケースも多かったようだが、羽毛の赤いインコは幾種もいたため、命名に苦労した痕跡も認められる。

あるインコと似ているがほんの少しだけちがう場合、「類違《るいちがい》」を頭につけて別種とされた。ルイチガイショウジョウインコ（類違猩々鸚哥）などはそうした例となる。

第5章　ウグイスとヨナキウグイス

1　ウグイスと呼ばれた鳥たち

鶯はコウライウグイスを意味した

春といえば、ウグイス。日本人は古くからそれを知っていたが、同時に中国からも学んだ。「鶯」という漢字も、もちろん中国が由来。だが、中国人が鶯と呼んだ鳥は日本のウグイスとは別種で、姿も鳴き声も大きく異なっていた。

中国人が漢詩などに詠み綴った「鶯」は、黄鳥とも呼ばれたコウライウグイス科の「コウライウグイス（高麗鶯）」。インドから中国・朝鮮、南はインドネシアにいたる東アジアに広く分布する鳥で、地味な日本のウグイスとはちがい、鮮やかな黄色い羽毛に包まれている。

日本のウグイスよりも大きく、中国には春の終わりに東南アジアから繁殖のために渡ってくる。野で見るだけでなく、古来、中国で飼い鳥として愛された鳥でもあった。

「鶯」の字はもともとコウライウグイスを指す漢字であり、日本のウグイスを意味するものではなかった。それが歴史の中で、日本のウグイスを示す漢字になったという事実がある。

江南春

千里鶯啼緑映紅
水村山郭酒旗風
南朝四百八十寺
多少楼台煙雨中

千里、鶯啼《な》いて、緑紅《みどりくれない》に映ず
水村山郭《すいそんさんかく》、酒旗《しゅき》の風
南朝、四百八十寺《しひゃくはっしんじ》
多少の楼台《ろうだい》、煙雨《えんう》の中《うち》

「江南春《こうなんのはる》」と題されたこの漢詩は、長江（揚子江）下流域の、現在の南京を中心とするエリアの春の様子を描いた作品である。唐代の詩人、杜牧《とぼく》が詠んだ七言絶句で、その代表作のひとつといわれる。絶句は、五言（五文字）または七言（七文字）を一行とし、四句（四行）がそれぞれ起承転結となる形式の漢詩で、唐代に完成した。

詩の一行目の「起句」に「鶯」の文字が見える。この詩を要約すると、次のような意味となる。

――千里の彼方までウグイスが鳴き、（萌え始めた）緑の葉に（咲いた）紅い花が映える春の景色。水辺の村にも山辺の村にも、新酒が醸されたことを告げる旗（幟《のぼり》）が風にひるがえっている。南

黄鳥とも呼ばれたコウライウグイス。増山正賢『百鳥図』より。鶯の漢字は、本来この鳥を示すものだった。国立国会図書館収蔵

朝以来の多くの仏教寺院（伽藍《がらん》）が霧雨の中にかすんでいる。

新緑の中の紅い花。コウライウグイスは声のみの登場だが、もしも姿が見えれば、鮮やかな黄色い鳥なので、緑と赤の中でよく映えるはずだ。

ちなみにヨーロッパにも、これとよく似た鳥、ニシコウライウグイスがいた。アリストテレスの『動物誌』の中に「黄鳥」という名で掲載されている鳥はニシコウライウグイスである。なお、ニシコウライウグイスはコウライウグイスの亜種ではなく、別種であることが確認されている。

余談になるが、コウライウグイス科の鳥については最近になって新たに判明した事実もあった。

毒をもつ珍鳥として、一九九〇年代以降に注目が集まった「ピトフーイ（Pitohui）」のうち、毒性が強いカワリモリモズとズグロモリモズが、コウライウグイス科に入ることが確定したのだ。最近盛んな遺伝子の解析による鳥の再分類は、ときに予想もしなかった事実を私たちにつきつけてくる。亜種か別種か見きわめるだけでなく、このような興味深い報告もあがってくる。

もちろん、コウライウグイスに毒はない。

たくさんのウグイス

日本のウグイス（ウグイス科ウグイス属）は、留鳥として国内に広く分布する。一部地域では、夏に山地に移動し、冬には平地に戻る漂鳥で、北海道では夏鳥というポジションだが、島嶼部をふくめて基本的に全国でその声を聞く。

最近になって、日本のウグイスには多くの近縁種がいることが判明した。長く亜種と考えられていた鳥も、ＤＮＡを詳しく調べた結果、近縁ではあるが別種とされるものが増えた。チョウセンウグイスやフィリピンウグイスなどは、最新分類では独立した種と認定されている。

日本のウグイスとよく似た羽毛色や性質をもつが、遺伝子的に遠いウグイス属の鳥が、西アジアから南ヨーロッパ、北西アフリカ方面にも生息していて、「ヨーロッパウグイス」と呼ばれている。日本人にはほとんどなじみがないため、ヨーロッパウグイスを知るのはごく少数と思う。

困るのは、ほかに、明治から昭和にかけて日本人が「ウグイス」と呼んできた、ウグイスとは縁もゆかりもない鳥が存在することだ。その鳥の存在が、無用の混乱も招いてきた。

ナイチンゲールやサヨナキドリ（小夜啼鳥）の名をもつ鳥を、翻訳された古い文学作品や音楽作品において、日本人は「ウグイス」と呼んできた。「夜鳴きうぐいす」もその別名である。ストラヴィンスキーの著名なオペラの日本名も、『夜鳴きうぐいす』となっている。

こうして並べると、もはやなにがウグイスなのかわからないという声も聞こえてくる。「ウグイス」が多すぎるのだ。だが、日本人が「ヨーロッパのウグイス」と認識していた鳥は、基本的にナイチンゲール（サヨナキドリ）一種のみ。ヨーロッパウグイスは日本人の認識の範疇外にあって、文学にも音楽にもほとんど登場しない。ヨーロッパ人の意識においても、あまり強く認識される鳥ではなかったようだ。

よってここからは、ナイチンゲールと日本のウグイスに絞って解説をしていくことにする。

2　ナイチンゲール

夜も鳴くナイチンゲール

ナイチンゲールは夏鳥として、ヨーロッパから中近東、さらにはアフガニスタン、キルギスタン、中国・カザフスタン国境付近まで分布し、冬場になると、ここにあげたすべての土地の鳥がアフリカ中央部の赤道を挟んだ帯状のエリアに渡って越冬する。異なるさえずりを求めて、中近東亜種のナイチンゲールがヨーロッパに輸入されたことも、かつてはあったという。

　ナイチンゲールは昼間も鳴くが、日が落ちて暗くなった時間帯や、未明から明け方の薄暗い時間にも鳴いている。ほかの鳥が鳴かない時間帯に声を張り上げて鳴くため、そこに注意が向きやすく、人々はそのさえずりをよりはっきり聞き取ることができた。

「ナイチンゲール（Nightingale）」という名が生まれたのも、夜に鳴く印象が強かったためだが、もとより美しく、少しもの悲しさも帯びた、人を惹きつける声をもつ鳥であったことも大きい。それは、夜の雰囲気に似合う声でもあった。

　古英語での表記は「Nihtgale」。「夜（Niht）に、歌う（gale）者」という意味となる。「墓場鳥」という不名誉な別名が生まれたのも、こうした習性ゆえのことだった。ドイツ語でも、同様の語源から、「Nachtigall」と綴られる。

　歌の上手な相手に歌を教えようとするほど、ばかげたことはない。「die Nachtigall singen lehren」（ナイチンゲールに歌を教える）というドイツ語の慣用句は、「釈迦に説法」とおなじ意味で使われることわざである。

　日本のウグイスはウグイス科で、ナイチンゲールはヒタキ科。種としてはけっこう離れているが、ともに薄茶色の地味な色合いの鳥であるという共通点があった。さらには、ひらけた場所ではなく、藪の中や木の葉の陰を好む鳥で、昼間も姿を見つけにくいという点もよく似ていた。

　よく引き合いに出される「声のよさ」も、両者に共通する特徴だった。ウグイスが日本三名鳥（三鳴鳥）の一角をなす鳥であるように、ヨーロッパにおいて、「身近な鳥の中で声がよいと思うものは？」という質問をすると、多くの人がいちばんにナイチンゲールの名をあげる。そこから、「ヨーロッパのウグイス」というイメージが生まれた。

実際、ナイチンゲールは響きのよい、よく通る声でさえずる。ウグイスよりも声量があり、音域も広い。歌そのものも変化に富んでいた。皆が「ホーホケキョ」と鳴くウグイスとちがい、ナイチンゲールのさえずりには個体ごとのバリエーションもあった。

声のよい人に対し、「あなたの声はナイチンゲールのように美しい」と評するのも、英語圏ではごくふつうのこと。シェイクスピアも『じゃじゃ馬ならし』の中で、そうした科白を登場人物に語らせている。

ナイチンゲールの名は、シェイクスピアの他作品でもたびたび目にする。『ロミオとジュリエット』、『夏の夜の夢』、『シンベリン』、『タイタス・アンドロニカス』、『ヴェローナの二紳士』など、枚挙にいとまがない。このうちの『ロミオとジュリエット』が、ナイチンゲールという鳥の特質を的確に表現していた。

一夜をともにしたその明け方に鳥の声を耳にしたふたり。別れのときが迫るが、もう少しだけいっしょにいたいジュリエットが、「あれはナイチンゲールよ。ヒバリじゃない」という。

白み始めた東の空を見ながらロミオがそれを否定する。「ナイチンゲールじゃない」と。

ジュリエットの科白には、「ナイチンゲールが鳴いているのだから朝じゃない。だから、まだ行かないで！」という気持ちが強くこめられている。だが、確実に夜明けは近づいていて、ふたりともに、実際に鳴いていたのはヒバリだということを知っている。こうした背景を知ることで、

声を張りあげるナイチンゲール（サヨナキドリ）。

『ロミオとジュリエット』という作品の叙情感はさらに増すはずだ。

「ウグイス」と翻訳された弊害

英語圏やドイツ語圏では、夜に鳴く鳥という印象が強かったことから、イメージのまま、その鳥はナイチンゲールと呼ばれた。ちなみに、フランスやイタリアでの名はロシニョールである。

だが、ヨーロッパでよく知られたその鳥は、日本には生息しておらず、声も姿も日本人には想像することができない。そのため、その鳥を書籍などで紹介する際は、英名などの読みのままにナイチンゲールと記すよりも、「ウグイス」の名を借り、「ヨーロッパにいる、日本のウグイスのような鳥」という像を前面に出したほうが理解されやすいと、明治から昭和の出版物の編集者たちは考えたのだろう。そうすることで、読者が鳥と物語のイメージをつくりやすくなると。

その結果、アンデルセンなどの童話が日本で最初に翻訳された際には、「サヨナキドリ（小夜啼鳥）」や「ヨナキウグイス（夜鳴鶯）」という訳名が選択された。「夜うぐいす」と略されることもあった。その後、欧文を翻訳する際は、「Nightingale」を「ウグイス」とすることが日本の出版物の慣例となる。またそれは文学にとどまらず、音楽作品においても踏襲されることとなった。

明治から昭和にかけては、それが最良の選択だったのかもしれない。だが、正確な表記が重要である科学に関連する書籍まで「ウグイス」と翻訳されたことには大きな問題があった。現代になってなお、そうした訳が残り続けていることで、さらなる問題も生まれている。

たとえば『プリニウスの博物誌』において、ウグイスと翻訳されている鳥はナイチンゲールである。ニシコウライウグイスがコウライウグイスとなっているのはまだよいが、正しい理解を読者から遠ざけてしまうこうした訳は不適切であるように思う。できれば早急な改善を願いたい。

明治時代以降に定着した和名と直接関係はしないが、混乱につながる誤解が江戸時代にすでにあったことが当時の文献からわかる。薩摩藩主、島津重豪《しげひで》が本草学者に編纂させた鳥名辞典『鳥《ちょう》名便覧《めいべんらん》』（一八三〇年序）のウグイスの項には、「番名ナクトガール」と記されていた。「Nachtgaal」は「Nightingale」のオランダ語での綴りである。つまりナイチンゲールは、日本のウグイスのオランダ語の名であると当時の辞典に掲載されていたこと

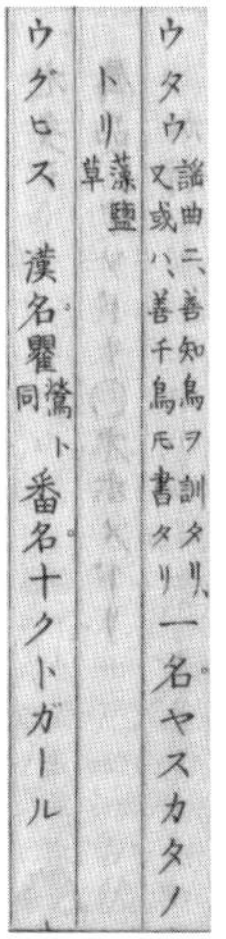
ウタウ 謡曲ニ、善知鳥ヲ訓タリ、又或ハ、善千鳥ト書タリ 一名ヤスカタノ
トリ 藻塩草
ウグヒス 漢名瞿鶯 同ト 番名ナクトガール

うぐひす（ウグイス）の註釈内に、ナクトガールの名を見る。

になる。もしかしたらこうした記述も、のちにナイチンゲールがウグイスと翻訳されるようになる、間接的な「後押し」となったかもしれない。

近年は、種の名称を正確に訳すことが、以前よりもさらに重要になってきている。そうした状況を鑑みても、「サヨナキドリ」を補足的に並記しつつも、本来の呼び名に準じて、ナイチンゲールとすべきところはそのように記すようにしていくのがよいと思われる。

あとひとつだけ余談を。『ロミオとジュリエット』は明治時代からたびたび日本語訳されてきたが、シェイクスピア作品を『沙翁全集』という名の全集として出版した坪内逍遥は、翻訳した『ロミオとヂュリエット』において、「Nightingale」をイギリス本来の呼びかたのまま「ナイチンゲール」と訳している。明らかに異なる鳥であるウグイスとは書きたくなかったという思いが、そこには見える気がする。

3　ナイチンゲールと文学、音楽

ナイチンゲールと文学

ナイチンゲールが登場する話として、古くはホメーロスの叙事詩『オデュッセイア』の中でも言及されている「テバイ王ゼトスの妻アエドン」の物語がある。

義理の姉妹（夫の兄弟の妻）であるニオベが、その夫とのあいだに十二人（語る者によって、四〜二十人という幅がある）の子をもうけたことに嫉妬したアエドンは、そのうちのひとりを殺そうと試みたが、誤って自身の子イテュロスを殺してしまう。悲しみの淵に沈む彼女を哀れんだゼウスが、アエドンをナイチンゲールに変えたというストーリィだ。鳥になってなお、彼女の心には深い悲しみが残ったため、ナイチンゲールの鳴き声は常に哀愁を帯びているという。

トマ＝フィリップ・レジェによってまとめられた、フランスのソローニュ地方の説話『ソローニュの伝承と慣習』の中にあった「夜うぐいすとめくらとかげの話」という作品を、グリム兄弟が翻訳し、一八一二年に出版された自身の童話集『グリム童話』の初版に取り込んだ。その翻訳を通して、「夜うぐいす」の名と物語は日本でも知られることになった。

ともに片目がない「夜うぐいす（＝ナイチンゲール）」と「めくらとかげ（＝ヒメアシナシトカゲ）」。一羽と一匹は仲よく暮らしていた。ある日、婚礼に呼ばれた夜うぐいすが、めくらとかげから片目を借り、完全な両眼となって婚礼に出席をする。だが、両眼で見られることに強い満足感をおぼえた夜うぐいすは、翌日になってもめくらとかげに目を返さない。返す気がなくなってしまったのだ。

それどころか、完全な盲目になってしまっためくらとかげを、空から嘲ることさえする。恨み骨髄のめくらとかげは、ナイチンゲールの巣のある木の下に潜み、この鳥が子育てをする時期になると、ひそかに巣に近づいて卵を狙うようになった、という話。バリエーションはいくつかあるが、おおむね、このようなストーリィになっている。

「夜うぐいすとめくらとかげの話」は、グリム兄弟によって書かれた物語ではないということで、『グリム童話』第二版からは削除された。そのため、現在、日本で読むことができる『グリム童話』にも収録されていないものがある。

一方で、「夜うぐいすとめくらとかげ」から『ナイチンゲールとメナシトカゲ』にタイトルが変更された書籍が新たに出版されてもいる。近年になって、文学の世界を中心に、本来の名称のままのタイトルに修正する動きが強まっているためだ。

アンデルセンは一八四三年に『小《さ》夜《よ》啼鳥《なきどり》』という翻訳名の童話を発表した。中国の宮廷を舞台とする話で、生きたサヨナキドリと、日本の天皇から送られた日本製の絡操《からくり》仕掛けのサヨナキドリと、中国皇帝の三者が織りなす物語となっている。この作品からインスピレーションを得た者が、二十世紀になって、いくつものオペラや映像作品をつくりあげたことから、派生した作品を目にした方もいるかもしれない。

アンデルセンの『小夜啼鳥』は、『小夜鳴き鳥と中国の皇帝』や『夜鳴きうぐいす』といった名でも知られるが、こちらも『ナイチンゲール』と修正されたタイトルで収録する書籍が増えてきている。

タイ王家の姫君が主人公になっている、サマセット・モームの童話『九月姫とウグイス』も、原題は「*Princess September and the Nightingale*」だ。野生のナイチンゲールが姫のもとを訪れてその心を慰める話だが、ナイチンゲールはタイには生息していない。日本のウグイスももちろん生息していないが、近縁のチョウセンウグイスならインドシナ半島にも分布している。よい声の鳥をナイチンゲールとしたほうが幼い読者に伝わりやすいという作家の判断による原題だったのだろう。この作品の鳥名も慣例に則って、日本ではウグイスと訳された。

フィロメラという呼び名

シェイクスピアは作品中にナイチンゲール（サヨナキドリ）をたびたび登場させているが、すべて「Nightingale」と書いたわけではなく、「フィロメル（Philomel）」とも綴っていた。たとえば『夏の夜の夢』には、「夜啼鳥（フィロメル）よ、調べよく、いざ、歌え、子守歌」という科白がある。ほかに『ルークリース（ルークリースの凌辱）』や『タイタス・アンドロニカス』などでも、ナイチンゲールのことをフィロメルと記していることが、ハーティングの『シェイクスピアの鳥たち』の中に引用のかたちで紹介されている。

「フィロメル」は、ナイチンゲールにからんだギリシア神話のあるエピソードが由来となっていて、情緒をこめて表現する際に当時の詩人がとくに好んだ表現でもあった。物語はこうだ。

アテナイ（アテネ）の王パンディオンにはフィロメラ（ピロメラ）とプロクネというふたりの姉妹がいた。アテナイが蛮族に攻められたとき、トラキア王テレウスの加勢によって勝利することができたことから、パンディオンは姉のプロクネをテレウスに嫁がせる。子供も産まれた数年後、妹に会いたいという妻プロクネの要望に応えて、テレウスはフィロメラを国に招いたが、妹のフィロメラも自分のものにしたくなった王は彼女を犯し、口封じのためにその舌を切り落とす。

のちにすべてを知った姉は、夫とのあいだに生まれた自身の子を殺害し、夫に食べさせるという方法で報復する。このような事態を引き起こした姉妹に強い憎しみを抱き、復讐に燃えるテレウスは殺意をもって姉妹を追いかける。そうした状況の中で、いつしか姉のプロクネがツバメに、妹のフィロメラがナイチンゲールに、テレウスはヤツガシラに変化《へんげ》したという。

オウィディウスの『変身物語』をふくめ、ギリシア神話ではおおむねこうしたストーリィになっているが、姉妹が逆の鳥に変身したり、テレウスがハイタカに変身するなど、この話にはほかにもさまざまなバリエーションが存在した。

いくつも存在するエピソードの中、シェイクスピアはフィロメラがナイチンゲールに変化した話を記憶に留めたようだ。作中で綴った「フィロメル」は、ここからきている。

刺にもたれるナイチンゲール

ナイチンゲールには、多くの人々が耳にしていた、いくつかの俗信があった。

その中に、「ナイチンゲールが少し悲しげな旋律で歌うのは、茨の刺に胸からもたれるようにして鳴くからだ」というものがあった。シェイクスピアも、もちろんそれにふれた作品を残しているが、その話を下敷きに、さらに踏み込んだ物語を書いたのがオスカー・ワイルド。『ナイチンゲールとバラ』が、その作品名である。

好きになった女性にダンスの相手をしてもらうために（求愛を受け入れてもらうために）「赤いバ

ラ」がほしいと願う男子大学生。「本物の恋人」を探していた、その男子の家の庭に住むナイチンゲールは、なんとかして彼の願いを叶えようとする。最終的に、自身の心臓をバラの刺で貫きながら歌い続けることで、一輪の真っ赤なバラの花を生み出すことに成功した。

ナイチンゲールの命を代償にして咲いたバラを手に取り、意中の女性に届けた学生。だが、ほかの男からもっとよいもの（宝石）をもらったからと、受け取りを拒否される。失恋した学生はバラを道に投げ捨て、「恋なんかばかげている」とつぶやく。そんな話になっている。

自身の命を捧げたナイチンゲールは、はたして幸せだったのか？

さまざまな解釈ができる「真実の愛」がテーマの作品である。

西洋音楽の中のナイチンゲール

音楽の話も少ししよう。

騎士道のありかたや、宮廷での恋愛模様を叙情詩として歌いながら、吟遊詩人がヨーロッパを遍歴したのは、十一世紀末から十三世紀にかけてのこと。南フランスでは、トルバドゥール。北フランスではトルヴェール。ドイツ語圏ではミンネジンガーなどと呼ばれた。彼らは季節を代表する鳥、たとえばナイチンゲールやヒバリなどの名を挙げて春や夏の様相を歌いあげた。

ルネサンス全盛の十六世紀、フランスの作曲家にしてシャンソンの創始者のひとりでもあったクレマン・ジャヌカンは、その代表作となったシャンソン『鳥の歌』を書いた。

ジャヌカンの『鳥の歌』には、ワキアカツグミ、ホシムクドリ、ナイチンゲール、カッコウといった鳥が登場し、これらの鳥たちのさえずりを模した声が美しいハーモニーをつくる。ジャヌカンはほかにも、『ナイチンゲールの歌』と題された歌曲も残している。

イタリア発祥の世俗歌曲「マドリガーレ」の中にも鳥をモチーフにした作品が複数残る。作曲家モンテヴェルディには、『いともやさしきナイチンゲール（いともやさしき夜うぐいすよ）』などの歌があった。

器楽によって鳥のさえずりを模した表現は、声楽曲に遅れて、バロックの時代になってから見られるようになる。フランスの作曲家フランソワ・クープランは、鳥をテーマにしたクラヴサン（＝ハープシコード）の曲を多数、作曲している。「クラヴサン曲集　第三巻」には、『恋のサヨナキドリ（恋のナイチンゲール）』、『サヨナキドリのドゥーブル（恋のナイチンゲールのドゥーブル）』、『勝ち誇るサヨナキドリ（勝利の小夜啼鳥）』などの曲があった。

ウィーンで宮廷楽師となったイタリア人作曲家のポリエッティは、イタリア語でナイチンゲールを意味する『ロシニョーロ（Rossignolo）』という題のクラヴサン曲集を書いている。

ドイツ出身の作曲家ヘンデルは、『オルガン協奏曲第二集』の中に、『かっこうとナイチンゲール』という作品を残している。タイトルにあがる二種の鳥が、さえずりを模した旋律によって絡み合う逸品となっている。

ベートーヴェンの交響曲第六番『田園』では、第二楽章「小川のほとりの情景」において、ナイチンゲールとウズラとカッコウの声が採譜され、それぞれフルート、オーボエ、クラリネットによって表現された。

二十世紀のイタリアの作曲家レスピーギは、古代ローマをイメージした交響詩『ローマの松』の第三部において、録音されたサヨナキドリのさえずりをひとつの楽器として曲中に組み込んだ。バレエ作品の『火の鳥』や『春の祭典』で知られるロシアの作曲家ストラヴィンスキーは、先にもふれたアンデルセンの『小夜啼鳥』を『夜鳴きうぐいす』という名の三幕のオペラに仕立てた。のちにストラヴィンスキーは、そのオペラを自身で再構成した『ナイチンゲールの歌（うぐいすの歌）』という交響詩も書いている。

アンデルセンの童話でも、オペラとなったストラヴィンスキー作品でも、死に神に取り憑かれた中国の皇帝を、ナイチンゲールがその鳴き声で救う。死に神や幽霊はナイチンゲールのさえずりによって力を失って退散し、皇帝は健康を取り戻すという結末が描かれる。

しかし、本来、ナイチンゲールには霊や死に神を追い払うようなイメージはない。逆に、墓場鳥という異名から、「死に近い鳥」というイメージもつきまとう。物語はこうしたイメージとは正反対の結末となっていた。

不可解さも残るこの結末には、いくつかの解釈が存在する。心のない機械仕掛けの鳥ではなく、優れた声をもつ〝生きた本物の〟ナイチンゲールが心をこめてさえずることで、「真実の愛」的な奇跡が起こるというのもそのひとつ。この解釈を採用する声は大きい。

加えて、『ヴィッテンベルクの小夜啼鳥』において、その翻訳と解説を行った藤代幸一氏の文章に、アンデルセンらの結末を理解するための別のヒントがあるようにも思える。

『ヴィッテンベルクの小夜啼鳥』は、宗教改革の騎手として知られるマルティン・ルターと同時期に生き、ルターの思想に深く傾倒した、詩人にしてマイスタージンガー（職匠歌人）でもあったハンス・ザックスの長編詩である。

この詩においてザックスは、ナイチンゲールのさえずりが告げ知らせる「朝の光」は救い、福音であると解説する。最後に皇帝が救われる結末には、こうしたキリスト教的な解釈もあるのかもしれない。

ナイチンゲールの音楽的能力の評価

紀元一世紀に生きたローマの軍人にして博物学者のプリニウスは、ナイチンゲールの音楽的能力を高く評価していた。言葉をおぼえる鳥たちについても一定の能力を認め、訓練によって高められることを実感し、訓練法も理解していた。

プリニウス以前のギリシア・ローマの哲学者や博物学者は、芸術に対する高度な能力が動物にあるとは考えていなかった。プラトンは人間だけがリズムや調和をもつと考え、アリストテレスも動物は「美」を理解しないという立場だった。しかしプリニウスは、そうした従来の思想とは大きく異なる意識をもっていたことが『博物誌』から見えてくる。

プリニウスは『博物誌』第十巻の「鳥類」の中で、人間の音楽家の資質を解説するのとおなじ詳しさで、ナイチンゲールのさえずりを分析した。それは明らかに、科学的・音楽的な視点をふくむ、時間をかけた観察と深い思索の結果だった。
プリニウスは、「人間がフルートの精巧な構造によってつくり出したすべてのものをつくり出す」とナイチンゲールを評価。
さらに、「この鳥の体はそのまま最高の楽器であり、ナイチンゲールはそれを自在にコントロールして高度な音楽をつくり出す能力をもつ」と最大限の称賛を与えた。
鳥はただ本能によってさえずっているわけではなく、美しいさえずりは「美を求める学習の結果」であるとも。

こうした所見は、慶應義塾大学文学部名誉教授の渡辺茂氏ほかの動物心理学の研究者が二十世紀の末になって到達した、さえずる鳥の評価に近いものでもあった。

またプリニウスは幼鳥の歌学習についてふれるとともに、成鳥の歌がそれぞれちがっていて、命懸けで競い合いながらスキルアップをしている旨についても解説した。その理解もまた、現代の科学や動物心理学が解明した事実とよく符合する。

プリニウスがナイチンゲールのさえずりを通して示した鳥についての理解は、歴史的に見てもとても意義の大きいものである。残念ながらそうした鳥への理解は、その後、二千年にわたって停滞することになったが、近年になってあらためて、プリニウスが理解していたことをふくめた鳥類の能力に関する研究が進みつつある。止まっていた時が動き始めたことを、今、実感している。

4　日本のウグイス

日本史の中のウグイス

日本のウグイスについても、日本人との関係をふくめて解説しておきたい。

古来、日本人は、その年最初の鳥のさえずり（＝初音《はつね》）や、渡ってくる姿を見ることで季節を感じてきた。ウグイスは春を象徴する鳥であったし、ホトトギスの初音が聞こえると夏の始まりを予感した。カリ（雁）が渡ってくると、冬の気配を感じた。こうしたことを背景に、ウグイスは「春告鳥《はるつげどり》」や「報春鳥《ほうしゅんちょう》」などとも呼ばれた。

名の由来はよくわかっていないが、ウグイスは古くから「うぐひす」の名で呼ばれていた。奈良時代、一部地域では「ほほきどり（法吉鳥）」とも呼ばれたが、この名が「ホーホケキョ」という鳴き声に由来することは明らかである。

ウグイスやホトトギスは和歌にもよく詠まれていて、『万葉集』など和歌集での登場回数も多い。だが、なぜか彼らは『古事記』や『日本書紀』には登場しない。神話部分にも、史実に関する部分にも皆無である。説はいくつかあるものの、その理由を探る研究は現在も続けられている。

ウグイスとホトトギスといえば、「托卵《たくらん》される／する」の関係だが、ウグイスの巣にホトトギスが卵を産む「托卵」が行われていたことを、日本人は奈良時代にはすでに知っていた。『万葉集』の中にも托卵を詠んだ和歌が存在した。

ウグイス飼育の始まり

野や山で耳にするウグイスの声には清涼感があり、澄んだ空気によく合った。

古代においては、鳥の声は野山で聞くものだったが、時代が進むにつれて、屋敷に連れ帰って鳴かせたいと思う者も出てくる。ローマの貴族や中国の皇帝が鳥を飼って鳴かせたように、豊かになってきた日本の支配者層がおなじ願いをもつのも自然であり当然なことだった。

今から千二百年ほど前の平安時代になると、貴族のあいだで小鳥を飼うことが流行する。スズメを雛から育てて懐かせる「雀の子飼い」も当時の貴族の娯楽のひとつであったし、闘鶏を楽しむために貴族の屋敷ではニワトリも飼育された。

平安時代といえば、貴族たちがさまざまな「物合《ものあわせ》」を楽しんだ時代でもあった。対戦ゲームとしての「絵合《えあわせ》」や「貝合《かいあわせ》」、当時は「鳥合《とりあわせ》」とも呼ばれた闘鶏のほか、鳥の美声を競わせる「小《こ》鳥合《とりあわせ》」も行われるようになった。

平安時代の宮中において、ウグイスとホトトギスはどちらが優れた鳥なのかという議論があったこともよく知られている。ホトトギス派の清少納言は、この鳥の素晴らしさを『枕草子』の中で力説している。

こうした論争の前から、ウグイスとホトトギスは和歌を通して比較されがちではあったが、ウ

『三十二番職人歌合』(1494年) より、「鳥さし・鶯飼」

グイスの声を競わせる中で、「この鳥と競える鳥はいるか？　ウグイス以外ではどうか？」という会話も自然に生まれ、そこからホトトギスを巻き込んだ議論が拡がった可能性もある。そうした状況を想像してみるのも楽しいものである。

　室町時代になると、飼育される鳥の捕獲を生業とする「鳥刺《とりさし》」という職業も成立する。幕府の関係者や貴族など、社会の上層にはウグイスを飼い、その声を堪能する者も多数いたが、そうした鳥のほとんどが鳥刺によって供給されたと考えられている。

　なお、この時代にウグイスを飼っていた人々の様子や、ウグイスをめぐる空気感は、能作品の「鶯」などからうかがい知ることができる。もちろん室町時代にも、ウグイスの鳴合《なきあわせ》は行われていて、鳴合で勝てる鳥を求める声は常にあった。このころになるとウグイスの鳴合は、特別な意味合いを帯びて「鶯合《うぐいすあわせ》」とも呼ばれるようになった。

　ただ、ヨーロッパ人とはちがい、残念ながら日本人には鳥のさえずりを「音楽」としてとらえる感性はなく、鳥にさえずりを教えたり、鳥と共演するという意識もなかった。そのため早々に、「すぐれた鳴き声の鳥を育てるのは、すぐれた声をもつ鳥」という認識ができあがり、師匠となる鳥に鳴き方を学ばせる「付《つ》け子《ご》」というスタイルが完成された。その現場をリードしたのも、もちろんウグイスである。

ウグイスは土地によって鳴き方が微妙に異なり、それが鶯合にも影響した。ある土地のウグイスでは勝てない、という声が聞かれるようになると、鶯合で勝てる可能性の高いウグイスを生息地まで行って捕獲し、その声を才能がありそうな若いウグイスに聞かせて訓練する、といったことも行われるようになる。よい声のウグイスが高値で売れたことはいうまでもない。

こうしたウグイスの飼育者はやがて専門職となり、「鶯飼《うぐいすかい》」と呼ばれるようになった。室町時代につくられた『三十二番職人歌合』の中には、鶯飼の様子がわかる絵が残っている。鳥を捕獲する鳥刺とともに働いていたことが、この絵からも見えてくる。

5　江戸のウグイスとウグイスの名所

江戸時代のウグイス飼育

江戸時代、鳥を飼うことが庶民の層まで拡がると、ウグイスの人気はさらに高まり、江戸の鳥屋が主導するかたちで、飼い主の身分を越えた規模の大きな鶯合も行われるようになる。ウグイスの鳴合は、その後も明治、大正、昭和と続き、とくに昭和の時代には多くの愛好者がいて盛ん

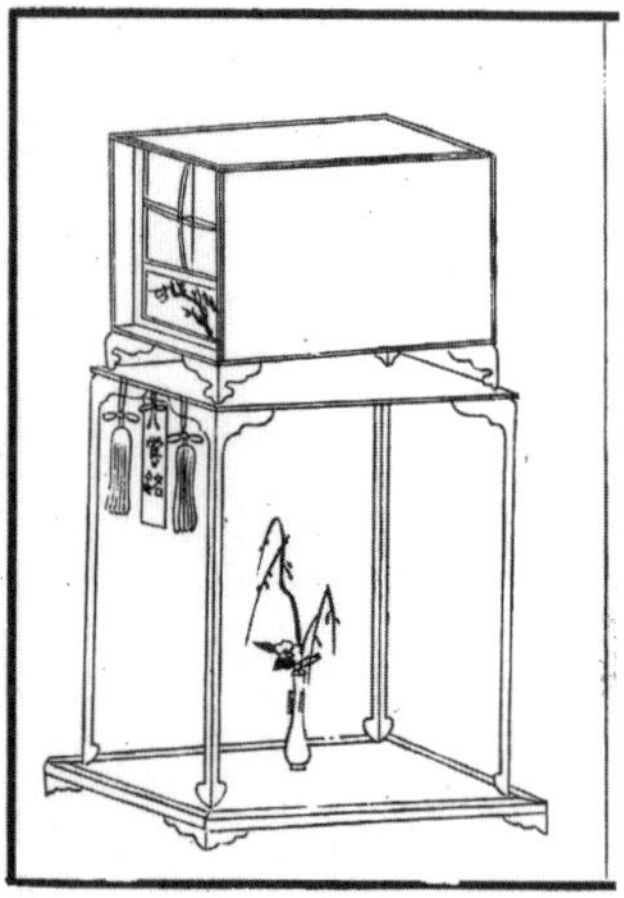

ウグイスの鳴合（なきあわせ）のときに使われた籠桶（こおけ）。直前まで中を暗くしておくことで、飼い主の思うタイミングで鳴かせることができた。『春鳥談』より。国立国会図書館収蔵

に行われたが、ウグイスの飼育が法律によって禁止されたことで、その文化は事実上、消滅した。

なお、出版文化が隆盛だった江戸時代には数多くの鳥の飼育書もつくられ、印刷物として江戸の町に流通していた。その多くは飼い鳥全般を扱う総合飼育書だったが、人気が高かったウグイスについては、専門家の手で、『養鶯辨《ようおうべん》』や『春《しゅん》鳥談《ちょうだん》』など、ウグイスに特化した飼育書もつくられていた。

また、ウグイスのフンには美白効果があることが平安時代から知られていて、洗顔料などに使われてきた。ウグイスの飼育が増えた江戸時代には、商品化されて多くの女性の手に渡ることになった。ウグイスのフンがもつさまざまな有益な効果は科学的にも立証されている。

つくられたウグイスの名所

鳴禽がしっかりさえずるためには「歌」の学習が不可欠である。野生のウグイスも周囲にいる大人のウグイスの声を聞いて育ちながら、自身の歌の基盤をつくっていく。それは裏を返せば、

毛利梅園『梅園禽譜』よりウグイス。国立国会図書館収蔵

場所によって鳴き方が異なる（方言がある）ということでもあった。

実際、関東のウグイスと京周辺のウグイスでは声がちがって聞こえ、江戸にやってきた関西の者の耳には、江戸のウグイスが訛った声でさえずっているように感じられたという話もあった。

江戸時代、上野にある東叡山《とうえいざん》寛永《かんえい》寺《じ》では、京都から皇族がやってきて寺の住職位に就くのが習わしであり、上野から根津、根岸にかけては寛永寺の領地とされていた。

元禄時代に住職の地位にあった公弁法親王は、江戸のウグイスに違和感をおぼえ、京都から美声のウグイス三千五百羽を運ばせて「根岸の里」に放したという逸話がある。

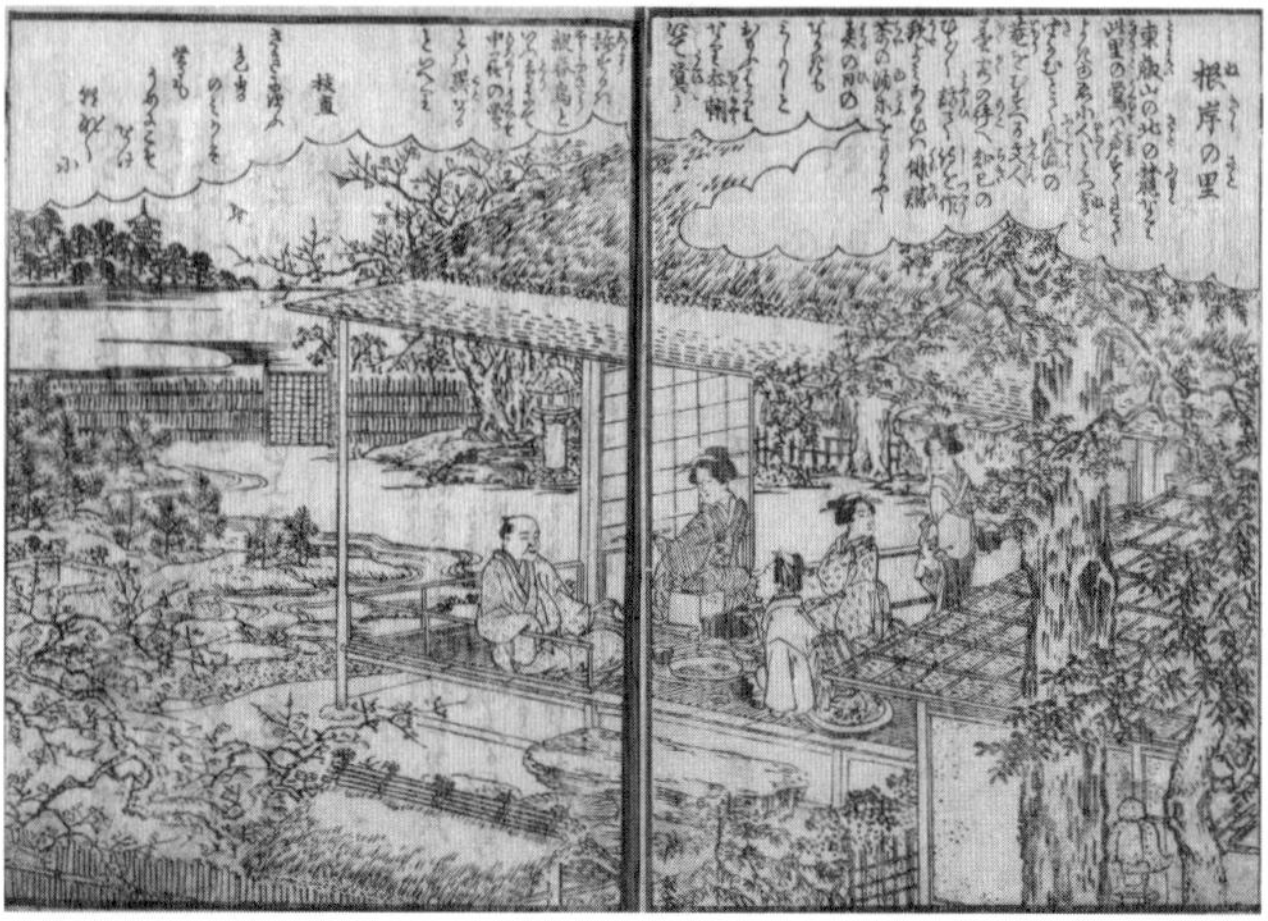

江戸時代、ウグイスの名所とされた「根岸の里」。『江戸名所花暦』より。国立国会図書館収蔵

実際には、耳になじんださえずりとはちがう江戸のウグイスの声が不快に思えただけと推察するが、結果的に京都のウグイスはこの地に定着し、根岸は「初音の里」と呼ばれるようになった。

のちにその地は「鶯谷《うぐいすだに》」という名を得る。これが「鶯谷」という地名の由来である。

江戸時代、日本の各地には、桜の名所、紅葉の名所、ホタル狩りの名所など、さまざまな花や生き物の名所があり、地域の案内にも掲載されていた。

花見や蛍狩りなどに出かける習慣が日本人にはあり、新たに加わったウグイスの名所も人々の耳を楽しませるものとなっていった。

ウグイスとメジロ

日本画を中心に組み合わせの定番となっている「梅にウグイス」は、実際にはほぼ見られない。木々の枝に葉がほとんどない梅が咲く時期に、身を隠せるものがない場所に出ることは、ウグイスにとって苦痛であり、不安でもある。この時期に庭にやってきて梅の枝に止まって鳴く黄緑色の鳥は、ほぼメジロである。そうしたこともあって、私たちはウグイスとメジロをよく混同してきた。「うぐいす餅」と呼ばれる和菓子の色も、ウグイスではなくメジロの色である。

　色は土地や時代によって移り変わるもので、江戸時代に「鶯色」と呼ばれた色にも実際には幅があった。とはいえ、「ウグイス色」はオリーブグリーンに近く、「うぐいす餅」の色ではない。

　日本人の意識の中に「鶯色」という色がはっきりと刻まれたのは江戸時代初期のこと。この時期に、ウグイスの羽色に近かった「鶯色」と、やや茶色味がある「鶯《うぐいす》茶《ちゃ》」の二色が生まれた。鶯茶は元禄時代（一六八八〜一七〇四年）の流行色のひとつでもあった。

鶯色やうぐいす餅の色として私たちが認識している色は、ウグイスの色というより、メジロの色である。

コラム

「鶯姫《うぐいすひめ》」

『かぐや姫』の名でも知られる、平安時代に成立した『竹取物語』は、現存する日本最古の物語といわれる。かぐや姫は、竹取りの翁が光る竹の中で見つけた娘で、その正体は天人（月人）であり、最後には迎えの者とともに天へと帰る話になっていた。

だが、鎌倉時代に書かれた、京都と鎌倉の往復を記した紀行文である『海道記』（作者未詳）に掲載された話は、『竹取物語』として知られた話とは少し異なる。

駿河国に伝わる話として紹介される「かぐや姫」（「赫奕姫」と綴られる。「赫奕」は「光り輝く」という意味となる）のエピソードでは、竹の中にいたのではなく、竹やぶの中にあったウグイスの巣の卵が孵って、女児がこの世に誕生する。ウグイスの卵から生まれた姫なので、鶯姫とも呼ばれたという。

美しい姫の噂を聞きつけた殿上人が求愛するが、難問を与えてだれにもなびかないというエピソードは『竹取物語』とおなじ。やがて時期が来て、天に帰っていくところや、富士山の名の由来に関する部分も共通する。

大きく異なるのは、天上に転生した娘が前世の恩を返すために翁のもとに来たという設定だろう。娘の現在の正体は天人だが、この世に戻るにあたって、ウグイスの卵を経ることが必要だった。こうした設定も『竹取』とはちがっていて、とても興味深い。

第6章 ムクドリとホシムクドリ

1 ホシムクドリ

ヨーロッパのムクドリ

文学ほかのヨーロッパ言語の翻訳書を読んでいると、「ムクドリ」や「椋鳥」という名を目にすることがある。もちろんこれは、日本で見られるムクドリとは別種の「ホシムクドリ」と呼ばれる鳥を指す。ヨーロッパの野鳥を紹介するテレビのドキュメンタリー番組などで「ムクドリ」という名が出た場合も、すべてホシムクドリである。

正式な英名は「Common Starling」。だが、「Starling」とだけ書かれていることも多い。ヨーロッパ人にとってムクドリといえばホシムクドリだからだ。

ムクドリとホシムクドリの本来の分布地

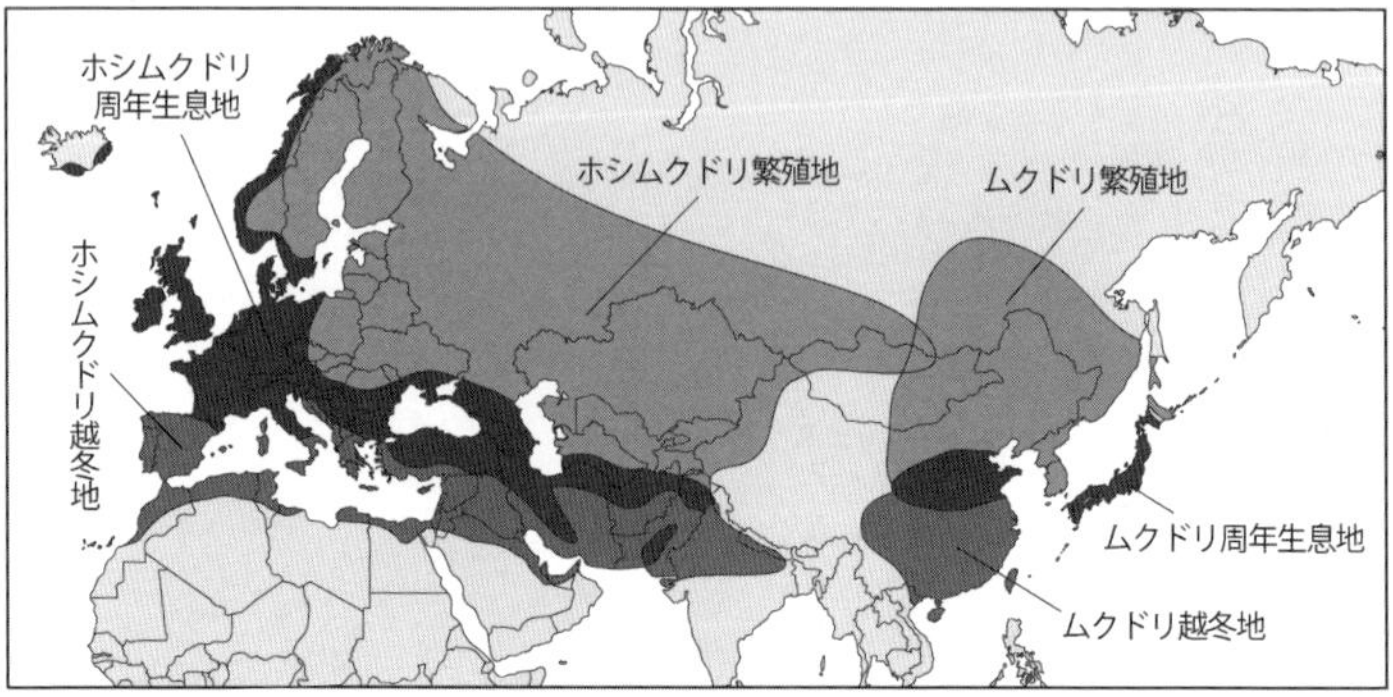

ムクドリの体長は24cm ほどで、ホシムクドリは21cm。ホシムクドリのほうがひとまわり小さく、ムクドリとコムクドリの中間のサイズとなる。なお、地図は移入された土地を除いて作製した。

動物分類はヨーロッパにいる種を基本種とすることが多いため「コモン」がつくのもしかたがない。しかし、その圧倒的な数や世界における分布の状況からも、実際に「よく見るムクドリ」であることはたしかである。

ホシムクドリは十九世紀にヨーロッパから世界の各地に移入された。そして現在、北アメリカだけでも生息数が二億羽を超えている。八十羽ほど持ち込まれた鳥が、わずか百年でこの羽数になった。現在は数が維持されているというが、アメリカでは年間百万羽が駆除されているという報告もある（二〇一五年の数字／『モーツァルトのムクドリ』）。

ホシムクドリはムクドリの勢力圏である東アジアには生息していないが、日本ではまれに飛来の報告がある。また、そうした個体がムクドリの群れにまじって暮らしている様子も観察されている。ただし、日本での繁殖の例はない。日本にいるムクドリの英名は「White-cheeked Starling」。白い耳《じ》羽《う》が名の由来となった。

ホシムクドリは暗色の羽毛に包まれているが、羽毛表面の微細な凹凸構造がつくる「構造色」による、深緑〜群青・紫色の光沢があり、見る角度で色がちがって見える。そんな羽毛に黄色味がかった白い斑が星状に入っていることから「ホシムクドリ（＝星椋鳥）」の名がついた。

地図に示したように、ホシムクドリは本来、インド以西のアジアとヨーロッパ、アフリカの地中海沿岸部に分布する。現在は北アメリカやオーストラリア東部、ニュージーランド、南アフリカなどにも生息しているが、これらはすべて人為的な移入の結果である。

群れるムクドリ

そんなホシムクドリとムクドリに共通する性質に、「群れる」ということがある。

日本でも、ねぐら（塒）には多くの鳥が集まり、ねぐらの上空や周辺、ねぐらに向かう「集合地点」などで、ときに数百から千羽ものムクドリが群れる様子が見られる。なお群れは、秋から冬場にとくに大きくなる傾向がある。

ねぐらにしている樹木近辺の声の大きさや、落ちてくるフンが長く社会問題にもなっているが、根本的な解決は難しいかもしれない。というのも、江戸時代にはすでに同様の報告があがっていたからだ。

群れるという点ではホシムクドリも同様だが、規模がまったくちがっている。ホシムクドリの

群れて飛ぶホシムクドリ。マーマレーション（murmurations）と呼ばれる。この写真は小規模だが、最大で150万羽もの鳥が舞うこともあるという。

場合、最大でムクドリの百倍から千倍の数が集まることがある。百万羽のホシムクドリが密になって飛んでいるその真下にいると、人によっては恐怖さえ感じるという。

また、瞬間、瞬間かたちを変えながら彼方の空に舞う数十万羽のホシムクドリの群れは、古代の人々には人間の理解を超えた「謎の生き物」のようにも見えていたようだ。ときにそれは、巨大な一羽の鳥だったり、宙に舞う巨大なドラゴンのようにも見えたという。

こうしたホシムクドリの空中での集団行動は、「マーマレーション（murmurations）」と呼ばれている。「murmur」は「つぶやき」、「ささやき」の意味で、飛び交うホシムクドリの大集団がつくる「意味をもたないざわめきのような羽音」が語源となった。ホシムクドリの群れを詩的に表現する際、その象徴として「マーマレーション」という言葉が使われることも多い。

指揮する者もリーダーもおらず、それでいて一定のリズムをもち、強い躍動感さえ感じられる彼らの集団行動は、実際、人知を超えたものに見え、神秘的でさえある。

2　ムクドリは話す

ムクドリだって言葉が話せる

ムクドリやホシムクドリは、ムクドリ科の鳥である。古くから、人の言葉をおぼえて話すことが知られていたキュウカンチョウ（九官鳥）や、ハッカチョウ（八哥鳥）も同科だ。

オウムやインコの舌は弾力のある筋肉のかたまりで、人間の舌に似ているため、言葉をつくりやすいとよくいわれる。だがそれは、事実であり、事実ではない。

鳥類は、左右の肺に向かって気管支が分かれる部分にある「鳴管」という器官を使って声やさえずりをつくっている。喉に声帯をもつ人間とはちがうやりかただが、声帯と鳴管には機能的な近さもある。

インコやオウムはさえずりをもたないが、鳴管と気道と舌のかたちを上手く組み合わせることで、人間の言葉に近い「音」をつくっている。それはひとつのやり方ではある。だが、「発声」の方法としては、鳥類の中でも異例といえる。

さえずる鳥「鳴禽」は、鳴管だけでさまざまな音をつくり出すことができる。音程の変化も自在だ。キュウカンチョウもカラスも、舌はふつうの鳥類とあまり変わらず、オウムやインコの舌には似ていない。それでも鳴管の微細なコントロールによって人間の声に似せた音を出し、「言

江戸時代、人の言葉を話す鳥としてインコとともに人気を博したキュウカンチョウ。この時代はキュウカンチョウを筆頭に、多数の海外産のムクドリ科の鳥が輸入された。ハッカチョウやソデグロムクドリ（袖黒椋鳥）、シロガシラムクドリ（白頭椋鳥）などの輸入記録が残っている。毛利梅園『梅園禽譜』より。国立国会図書館収蔵

葉」に聞こえる音の連なりを生み出すことができる。ムクドリ科の鳥は、とくにそれが上手い。

ムクドリの声はうるさいとよくいわれるが、それは「ムクドリはうるさい」という長年の刷り込みのせいでもあると感じている。たしかにムクドリの集団は騒がしく、群れている木のまわりで声の音量を計測すると、騒音レベルに達することもある。それでも個人的には、〝単独〟で鳴くムクドリの声をうるさいと思ったことはない。決して大音量ではないからだ。聞きにくくもない。その声の質も、鳴禽類の中でのムクドリの「個性」だと感じている。

ホシムクドリの地鳴きはムクドリに似ているが、一羽で鳴く声を聞いたなら、ムクドリよりもずっと聞きやすいと感じる人は多いように思う。金属的な響きのあるホシムクドリのさえずりを美しいと感じる人もいるだろう。ホシムクドリとおなじような金属的な響きをもつ、日本でも見かけるコムクドリのさえずりは音楽的でもある。

重ねて記すが、ムクドリ科の鳥は鳴管のコントロールが上手い。そのおかげもあって、人間の言葉に聞こえる音が出せる鳥も少なくない。脳も十分に発達している。ゆえに、キュウカンチョ

ウだけでなく、ムクドリやホシムクドリやハッカチョウも、人間の言葉をおぼえて話すことができる。ムクドリ科に声がよいと思える種が複数いるのも、鳴管を上手くコントロールできているためである。

日本人には、日本にいる鳥が人の言葉を話すはずがないという固定観念のようなものがあった。話すカラスはまれにいるが、そうした個体と出会っても、カラスは頭がいい鳥なので、カラスならありうる、カラスだから話すのだと例外を決めこむ。そして変わらず、日本でよく見る小さな鳥たちは話さないと、検証することもなく思い込んできた。

専門的な研究がこれまで行われてこなかったのは、こうした背景もあってのことである。加えて、法律が野鳥の飼育を禁じているということもあった。だが、ムクドリを雛から育て、その鳥に一定の資質があれば、人の言葉が話せるようになる。それは事実である。

ホシムクドリの会話能力

ホシムクドリが人間の言葉をおぼえて話すことは、古代ローマのころからよく知られていた。プリニウスの『博物誌』の中にも、しゃべるホシムクドリにふれた文章がある。ユリウス・カエサルをはじめとする幾人もの人間がホシムクドリを飼って、ギリシア語やラテン語を教えていた事実もあった。

『博物誌』の中で人の言葉を話す鳥について解説した部分には、「訓練者は彼らの傍に座り、忘

ホシムクドリ。

れさせたくない言葉を繰り返し、食物ですかしながら教え込むのだ」という一文が加えられていた。これは、食べ物を「ごほうび」として与えることによって訓練を「強化」する、現代心理学でいう「オペラント条件づけ」という手法を使って鳥の訓練を行っていたことを示している。こうした方法によってローマ人が、ホシムクドリやサヨナキドリやインコに言葉を教えていたことを、とても興味深く感じている。

イギリス、ウェールズの神話・伝説をもとに書かれた『マビノギオン』の中の「スィールの娘ブランウェン」の中にも、話すホシムクドリの姿を見る。アイルランド王マソルーフと政略結婚させられたブリテン王の娘ブランウェンは、嫁いだ先で重労働を強いられるなど虐待を受けていたが、ホシムクドリを飼い馴らして言葉を教え、手紙を携えた伝書使として父王のもとに飛ばせたというエピソードがこの書物にはあった。

シェイクスピアも、『ヘンリー四世』第一部の中で、しゃべるホシムクドリにふれている。

絶対に「モーティマー」という名をいわぬようにと釘をさす王に、「ひたすらモーティマーの名を呼ぶように教え込んだホシムクドリを贈ってやろうか」という科白がそこはあった。王の心を乱すための方策として、ホットスパーという人物が提案するのだ。

言葉を教えれば、ホシムクドリはそれをおぼえ、人語をしゃべる！　シェイクスピアが生きた時代に舞台を見ていた人々も、『マビノギオン』の原型となる話が語られた時代にその土地で暮らしていた人々も、それは事実――共通する認識として心の内にあったということだろう。とても興味深く感じると同時に、そうした認識が現代までに薄れてしまったことに不思議な思いも抱いている。

実際、ホシムクドリの中には長い文章も正確におぼえ、シャープに話すものがいる。それなりの才をもったホシムクドリにとって、人の言葉をおぼえて話すということは、たいした課題ではないように見える。

アメリカのナチュラリストにして作家でもあるライアンダ・リン・ハウプトは、実際にホシムクドリを雛から育て、成長過程で言葉を身につけていく様子を観察して、著作『モーツァルトのムクドリ』の中に詳細に綴っていた。

その鳥は、選ばれた特別な鳥ではなかった。たまたま家に迎えた鳥がしっかり話すようになったことが、この著作からもわかる。

また、ライアンダが育てたホシムクドリはメスだったが、問題なく言葉を話すことができた。鳴禽は一般に、オスがさえずり役で、メスは聞き役になるように脳にも性差があるが、ホシムクドリは性別に関係なく、話せる鳥は話すようになることを、彼女の家で暮らす鳥が証明したかたちとなった。

3　ホシムクドリの音楽的能力

高い音楽能力をもつホシムクドリ

一方で鳴禽は、耳にした音楽のフレーズを、そのままのキーで記憶することができる。鳴管のコントロールが巧みな種は、聞いたフレーズを器用に再現することもできる。鳴禽類は人間でいうところの「絶対音感」をもっていて、それをもとに自身を的確に訓練できるためだ。

一七八四年の五月二十七日、たまたま通りかかったウィーン市街のペットショップで、モーツァルトは一カ月ほど前に作曲したばかりでまだ一度も演奏されたことがないピアノ協奏曲（第十七番）の主題そっくりな曲を口ずさむホシムクドリと出会った。その事実に強く驚き、感動もしたモーツァルトは、その場で鳥を買い取って自宅に連れて帰ったというエピソードが知られている。

それから三年と二カ月、彼の音楽に少なからぬ影響を与えたと考えられているその鳥は、モーツァルトのかたわらにあって、文字どおり愛玩された。たとえばオペラ『フィガロの結婚』は、このホシムクドリがおなじ家で暮らしていた時期につくられ、初演を果たした作品である。

モーツァルトとその鳥の関係について、世に知られていない事実や深層を探るため、ライアンダ・リン・ハウプトは、実際に自身もホシムクドリと暮らし、ホシムクドリの習性を身をもって理解しながら、深い思索をめぐらした。そうして世に送り出された作品が『モーツァルトのムクドリ』である。研究者にも簡単にはまねのできない挑戦的なやりかたでモーツァルトの意識に迫った彼女のアプローチは、高く評価されている。

モーツァルトが生きた時代、音楽家のあいだでは、鳥のさえずりを譜面に落としこむことが可能であることが、すでに知られていた。鳥たちの優れたさえずりに音楽性を感じた音楽家は多く、声のよい鳥を手許に置いた者も多かった。

純粋に鳥を愛玩した者がいた一方で、ともに暮らす鳥から自身の音楽活動へのインスピレーションを得た者もおおぜいいたと考えられている。おそらく、モーツァルトもホシムクドリから受け取った数多の刺激を、さまざまなかたちで音楽活動に生かしたと推察する。

鳥と楽しむ音楽

鳥のさえずりとおなじ音域での演奏が可能な楽器を使えば、その楽器を使って鳥のさえずりを再現することができ、鳥と共演することも可能だった。また、そうした楽器で、その鳥が好むメロディラインを演奏して聞かせることで、鳥に音楽を教えることもできた。

当時は中産階級を中心に、音楽家以外にも鳥を飼う人間が少なからずいた。自身で楽器を演奏して、音楽を楽しむ人間もいた。そうした人々の中には、ともに暮らす鳥に音楽を教えたい、いっしょに演奏がしたいと願う者も当然のようにいた。

当時のヨーロッパのペットショップでは、ただ愛玩するだけの鳥を売る一方で、幼鳥の時期か

『小鳥愛好家の楽しみ（*The Bird Fancyer's Delight*）』の表紙

ら音楽的な教育を施してから販売する例もあった。そうした鳥は高く売ることができ、販売利益が大きかったということもある。音楽的な訓練を受けた鳥なら、買って家に連れてきたのち、共演したい曲を教え込んでいっしょに演奏をすることができた。それを魅力と感じた人も多かったようだ。

一七一七年にロンドンで出版された『小鳥愛好家の楽しみ（*The Bird Fancyer's Delight*）』という楽譜をまとめた書籍は、ウソ、カナリア、ムネアカヒワ、モリヒバリ、ヒバリ、ホシムクドリ、サヨナキドリ（ナイチンゲール）、イエスズメなどの発声音域やさえずりのパターンを把握したうえで、リコーダーやフラジョレットを吹いて、飼っている小鳥に曲を教えるための楽譜兼指導書として書かれたものだった。

鳥に音楽を教えたり、鳥と合奏をするために、小さな「バード・フラジョレット」というプロ向きではない楽器もつくられ、安価で売られていた。

ただ、本には「各鳥の音域と能力にふさわしく作曲された」とあるにもかかわらず、この楽譜に載っているホシムクドリのための曲は、三曲すべてが「どう考えてもムクドリらしくなく、ムクドリが好む飛躍がない」と『モーツァルトのムクドリ』著者のライアンダは評する。「出版された当時、ムクドリを調教しようとした人が、もっとうまくやれたとは思えない」とも。

それでもウソについては、「だが、ウソはこの曲にうってつけの生徒で、すんなりおぼえることがわかった」と記している。

もちろん音楽の専門家はこうした書籍などは必要がなく、自身のやり方と自身の楽器で鳥に音楽を教えることができた。モーツァルトなども、おそらくそうだっただろう。

記録を見ると、モーツァルトが買ったホシムクドリは相場よりも安かったようだ。高い音楽的資質をもっていると売り主から判断された鳥には、もっと高い値がつけられていたらしい。

だが、モーツァルトにとって値段による評価はまったく問題にならなかった。彼は高い音楽性をもった鳥がほしかったわけではなく、出会った瞬間に「（自身の曲を歌ってみせた）この子がほしい！」という強いインスピレーションを得て鳥を買ったように見えるからだ。

それは、ペットショップなどで出会った瞬間に「この子はうちの子になる」という直感を得て、その場で購入を決める現代の鳥の飼育者と似た感覚のようにも思える。

ホシムクドリには若鳥の時期から優れた音楽性を示すものがいる一方、日常的に音楽にふれているうちにスキルアップできる鳥もいる。モーツァルト宅のホシムクドリはそういうタイプの、晩成性の鳥だったのかもしれない。いずれにしても、ともに暮らした時期、そのホシムクドリはモーツァルトの心の中に独自の居場所を得ていた。だからこそ死んだときに、その鳥のために葬儀を行い、哀悼の詩を朗読したのだろう。

「ここに眠るいとしの道化、一羽のむくどり」

それは、友人たちを参列させて正式な葬儀を執り行った際にモーツァルトが愛鳥に捧げた詩の冒頭部分である。

4　社会問題にもなっているホシムクドリ

故郷の空気を感じたい移民

ハワイにはウグイスがいてメジロがいる。いずれも日本から持ち込まれたものだ。ウグイスは日本の野の雰囲気をハワイでも感じたいと望んだ人間が、移住した際にいっしょに連れてきたものが野生化した。メジロは害虫駆除を目的に一九二九年に輸入された。しかし、それは上手くいかず、数を増やしたメジロが本来の生態系を壊していると今、強く指摘されている。

日本人にかぎらず、ほかの土地に移り住んだ人間は、身近にいた鳥を新天地でも見たいと思うようだ。加えてほかの理由からも、新たな土地に慣れ親しんだ鳥が放たれることもあった。

そうした行為が、「その土地本来の生態系を壊す」ということが深く考えられなかった十九世紀や二十世紀の初頭は、鳥の移入が幾度も繰り返された。アメリカ合衆国やオーストラリア、ニュージーランド、南アフリカなど、移民によってつくられた国では、それがとくに顕著だった。

アメリカ本土にホシムクドリが持ち込まれた理由は、ハワイのウグイスの例にも近いが、大きくちがう点もあった。

北米中に拡散したホシムクドリ

ユージン・シーフェリンという人物がいた。彼はアメリカ馴化協会（他地域の動植物をアメリカに移入させることを目的に設立された親睦団体）の一員にして、シェイクスピアの熱狂的な愛読者だったといわれる。

十九世紀に移民としてアメリカに渡ってきた人々には郷愁の念があり、故郷の動植物や文化・芸術にふれたいという願いもあった。真偽には疑問を挟む声もあるが、ユージン・シーフェリンにはジェイムズ・E・ハーティングの『シェイクスピアの鳥類学』をもとに、シェイクスピア作品に登場するすべての鳥をアメリカに定着させようという考え（野望？）があったともいわれる。

それが、ヨーロッパを懐かしむ移民たちの心を癒すことにもつながると考えた彼と馴化協会のメンバーは、ヨーロッパの鳥たちの放鳥を実行に移す。しかし、ズアオアトリやサヨナキドリ、ヒバリ、ホシムクドリ。そのすべてが失敗し、全羽が骸《むくろ》となった。

だがシーフェリンは、なにがなんでもホシムクドリをアメリカに定着させると決意。一八九〇年、新たに八十羽の鳥を輸入し、マンハッタンのセントラルパークで空に放った。それが今、アメリカ中で見られるようになったホシムクドリの祖先といわれる。

現在、ホシムクドリはアメリカではすこぶる評判が悪い。在来種の営巣地を奪い、農作物にも被害を与える。侵略的外来種の筆頭、「羽の生えたネズミ」といわれ、「アメリカでいちばん嫌われる鳥」と評される彼らだが、そもそも人間が意図してアメリカに持ち込んでいなければ今の状況はないことを忘れてはならない。責められるべきは、ホシムクドリではなく人間である。

5　日本のムクドリ

ムクドリのイメージと名の由来

最後に日本のムクドリにもふれておきたい。

日本のほとんどの地域でムクドリは留鳥である。北海道では夏鳥で、寒い時期は南に移動することが多かったが、最近では冬場も北海道に留まるものが増えてきている。

江戸時代の江戸ではムクドリは冬鳥で、夏に姿を見ることはなかった。そこから冬場の農閑期に江戸に出稼ぎにくる農民とイメージが重なり、「むくどり」は田舎者の代名詞となり、蔑称にもなった。「このむくどりめ！」という言葉は「この田舎者め！」という罵倒に等しかった。この言葉はとくに、信越方面からの出稼ぎ者に向けられることが多かったといわれる。

ムクドリは椋鳥と書く。安土桃山時代からその名で呼ばれていたらしい。名前の由来については、「椋の木の実を好んで食べるため」とか「常にムクドリとムクノキにいるため」など、ムクノキに由来すると解説されることも多いが、実際にはムクドリとムクノキにはほとんど接点がない。むしろ、古語の「むくつけし」が由来となっているとする説のほうが、まだ信憑性が高いと感じられる。

「むくつけき鳥」で「品のない鳥」の意味となる。また、夜、ねぐらで大きな集団になったムクドリは、姿が見えないにもかかわらず、耳をおおいたくなるほどの騒音レベルの騒がしさとなり、そうした集団に対して「気味が悪い」と評されることもあっただろう。「むくつけし」には、そういった意味もあった。こうした状況からも、由来としては「むくつけし」のほうがムクノキがらみよりもスムーズだと思えるがどうだろうか。

ムクドリも、ホシムクドリよりは集団の数は小さいが、それでも最大、数万羽もの鳥が集まって、ねぐらの近くで舞う姿を見ることがある。日本で「マーマレーション」という言葉が使われることはあまりないが、マーマレーション自体は日本のムクドリでも見られる。

今よりも妖怪や怪物が身近だった江戸時代やそれ以前の時代には、ひとつの生き物のように空でうごめく姿を見て、「気味が悪い」とか「驚くべき姿」と感じ、「むくつけき鳥」と思った人も、おそらくかなりの数がいたにちがいない。

ムクドリは、集団になったときの騒がしさやフンの問題などからアメリカのように駆除が叫ばれることもある。だが、もともと日本の自然の生態系の一部をなす身近な鳥でもある。

益鳥としてのムクドリも知ってほしい

ムクドリは虫を食べる。一羽でも膨大な数を食べる。野菜や果実につくイモムシやケムシを食べてくれる益鳥なのだ。それを忘れてはならないと思う。

もしも半減させるほどに数を減らしてしまったら農作物には大きな被害が出るだろう。そうしたことも理解し、折り合いをつけながら今の関係を続けることも必要な相手と考えるべきと思う。

今、都市部では一年を通してムクドリを見る。「住めば都」ではないが、住んでみると都会には営巣できる場所も多く、意外に住みやすいと実感したようだ。もともとムクドリは、キツツキ類が開けた巣穴の樹洞から民家の軒の隙間まで、さまざまな場所を巣として活用できる鳥でもあった。

服部雪斎の図譜『華鳥譜』より、ムクドリの絵。国立国会図書館収蔵

さらには「托卵」という特殊なしくみも活用する。といってもカッコウなどのように異種の巣に卵を産みつけるのではなく、彼らが卵を託すのは同種の巣である。

営巣場所が見つけられなかったムクドリのメスは、つがいがともに巣を離れたタイミングを見計らって同種の巣に卵を産んでいく。それは「種内托卵」と呼ばれるものだ。ムクドリの親は、平均すると六個の卵がある自身の巣に、あと数個の卵が増えてもあまり気にすることなく抱卵し、孵った雛はおなじように育雛する。十羽もの若鳥を連れた親鳥も見る。そうやって数を増やしてきたのである。

第7章　カナリア

1　カナリアの家禽化

原種の生息地と繁殖の始まり

カナリアの原種は、ヨーロッパ・アフリカ西岸沖の、アゾレス諸島、マデイラ諸島、カナリア諸島に分布する。このうち、もっとも南に位置するカナリア諸島は、モロッコ沖に浮かぶ、気候おだやかな常春の島々である。

カナリア諸島がスペイン領になったのは十五世紀末のこと。ほどなくスペイン人は、そこに生息する地味な色の鳥が、意外に魅力的な声で鳴くことを知る。そして、農作物とともに本国に連れ帰ったことが、カナリアがヨーロッパで知られるきっかけとなった。

カナリア原種（野生種）の生息地

こうした経緯から、その島は「カナリア」と呼ばれるようになった。

スイスの博物学者コンラード・ゲスナーが、「砂糖の原産地であるカナリア諸島から来た、さえずりの上手なカナリアという鳴禽が、法外な値で取り引きされている」と著書の『動物誌（*Historiae Animalium*）』に記したのは、ヨーロッパ上陸から半世紀ほど経った十六世紀半ばのことである。

スペインをはじめとするヨーロッパの人々は、声がよいと評判のカナリアの入手を希望した。それでも高値が続いたのは、本土で繁殖が始まると商品価値が下がり、値も下がると考えた貿易商が、オスのみを本土に送り続けたためだったといわれている。

だがほどなく、メスの入手に成功した一部の人々が雛を孵し始める。ヨーロッパで最初にカナリアの大量繁殖に成功したのは、ドイツとイタリアだった。ジョウゼフ・ブレイグローヴの『畜産技術概論（*The Epitonie of the Art of Hasbandry*）』（一六七五年／イギリス）にそう記されていると、島森尚子氏が『ザ・カナリア』の中で指摘している。

その後、繁殖に携わる土地が増え、カナリアの供給数が増えると、その価格は急激に下がっていく。オランダでの繁殖も始まり、通商関係のあった極東の日本にも運ばれることとなった。

カナリアの日本への初渡来は、宝永六年（一七〇九年）と記録されている。このころになると色変わりの品種が数多く生まれており、原種系をふくめ、さまざまな色のカナリアが日本に運ばれていたことが、当時の図譜などからわかる。日本に渡来したカナリアは、長く人間に飼われてきた鳥の子孫だったため、すぐに日本人にも馴れて人気の鳥となっていった。

2　品種改良の方向性

二つの方向性

野生の小禽（小鳥）は飼い馴らすことが難しく、繁殖が困難なものも多い。だがカナリアは、人間のもとでも容易に雛を孵した。カナリアは見かけよりもずっと丈夫で、飼育がしやすい鳥だった。羽毛の変異を起こしやすい鳥であることも早々にわかり、品種改良に適した鳥であることが判明した。

これまで人類は、肉や卵を多く採ることを目的に、キジ目やカモ目の鳥に手を加えてきた。そうして生み出されたのが、ニワトリやアヒル、ガチョウなどである。その過程で白い鳥が自然に生み出されたことも、よく知られたとおりだ。

伝書鳩としての能力を高める改良が行われたカワラバトは、羽毛の色や形状についての改良も試みられ、鑑賞用の白いクジャクバトなどが誕生する。並行して、食肉目的の改良も行われた。これらはいずれも体格の大きな鳥だった。

小型の鳥類に対する本格的な品種改良は、カナリアが初である。食べるためでも、使役するためでもない、「愛玩」を目的とした改良も、小鳥においては初めてのこと。飼い鳥として、人々の目や耳をより楽しませる鳥を生み出すことが改良の目的となった。

だが、品種改良には、偶然に起こる「突然変異」が不可欠。また、どういう変異が起こるかは、起こってみないとわからない。それが子孫に受け継がれるかどうかもわからない。羽毛の色に関しては、大量飼育を続けていけばいずれは変異が起こり、色変わりが現れる。しかし、さえずりについては、飼育して世代を重ねていくうちに変化するのを待つしかない部分もあった。

もちろん、〝こういう鳥が生まれてほしい〟という願いはある。

ヨーロッパ上陸時にさえずりが注目されたこともあり、より耳に心地よい声で鳴くようになること、より長くさえずることができるようになること、さらには、より音楽性の高いさえずりで鳴くことができるようになること。そういった願いがもたれたのは自然なことだった。

よい声で鳴く美しい鳥を手許に置きたいというのは、古くからの王侯貴族の願いでもある。鳥を飼うことが浸透してきたのちは、それは一般の人々の願いにもなった。

声がいいと評判のカナリアにどんな音楽的な才能があるのか知りたいと音楽家が考えるのも自然なことだった。ナイチンゲールやウソ、ホシムクドリと接してきた経験から、カナリアとの共演の可能性も期待された。ただ、音楽家はさえずり目的の品種改良に大きな期待を寄せたりはしなかった。野生から飼い鳥になった、そのありのままの姿をごく自然に受けとめた印象もあった。

こうした人々の願いは、「ソングカナリア」の誕生によって結実する。歌うカナリアはやがて人々の中に浸透し、文学や音楽の中にも足跡を残すこととなった。

多数の鳥を飼育していると、遺伝子の変異で親とはちがう羽色の鳥や、形状が異なる鳥がまれに生まれてくる。その中の好ましいと思える変異を品種として固定する方法は、すでに知られていた。鳥の品種改良において長く培われてきたノウハウが、カナリアにおいても生かされた。

伊勢長嶋藩主にして本草画家でもあった増山正賢の『百鳥図』よりカナリアの図。日本に渡来した改良品種。金有鳥（カナアリヤ）というのは当時の日本のカナリアの表記のひとつ。金糸雀（きんしじゃく）とも記された。国立国会図書館収蔵

幸いなことに、カナリアの改良の現場においては、期待を超える突然変異も起こってくれた。結果的にそれが品種の爆発的な増加につながり、さらに多くの人々の関心を集めることになる。

フランスでは『新カナリア考』（一七〇四年）という飼育書が刊行され、百年にわたって版が重ねられたうえ、近隣各国で翻訳されて、カナリアと接点をもった多くの人々に読まれた。

著者は、カナリアの飼育と管理のために貴族によって雇われていた飼育家

のエルビュー・ド・シャントルー。江戸時代に薩摩藩主の島津重豪《しげひで》に鳥の世話役「御鳥方《おとりかた》」として仕え、飼育書『飼鳥必用《かいどりひつよう》』を書いた比野勘六と、立脚点や行動のイメージが大きく重なる人物である。なお、『飼鳥必用』は『鳥賞案子《ちょうしょうあんし》』と同内容で、『鳥賞案子』がオリジナルとされる。

この書籍によって「鳥を飼う」という新たな趣味に目覚めた人も多かったことだろう。シャントルーが、カナリアと人間の歴史に大きな足跡を残したことはまちがいない。『新カナリア考』に掲載されたカナリアの品種は二十九。そのうちの複数種が江戸時代の日本に運ばれている。

ソングカナリア

さえずりを目的に生み出された品種を「ソングカナリア」と呼ぶ。原種を超える、より高度で美しいさえずりを得て誕生した品種が、「ローラーカナリア（Roller Canary）」である。なお、嘴を閉じた状態でもさえずることが可能なのが、この品種の大きな特徴となっている。喉で声をつくる人間とはちがい、気管支のつけ根に発声器官がある、鳥ならではの特徴といえる。

ローラーカナリアはソングカナリア最古の品種で、十九世紀に誕生した。色変わりの鳥に比べると遅い誕生だが、裏を返せば、さえずりに特化したカナリアの誕生には、それだけの時間が必要だったということだろう。

その後、ローラーカナリアをベースに新たに生み出された品種もあったが、ローラーカナリアの評価は変わらず、ソングカナリアの筆頭として、不動の地位を維持し続けた。日本で飼育されているソングカナリアは、現在にいたるまでほぼ百パーセント、ローラーカナリアである。

優秀なローラーカナリアは三オクターブもの広い音域をもつが、成鳥にいたる特定の時期までにしっかりさえずりを教え込まないと、十分な能力を引き出すことができない。この品種と向きあっていく過程で、鳥の「さえずり学習」の方法と、学習にとって重要な時期についての理解が深まっていった。学習には「臨界期」があることをあらためて明確に人間に教えてくれたことも、ローラーカナリアの功績といえる。

ただし、品種として認められたころのローラーカナリアには「声はいいが色彩的に地味で、色のバリエーションに乏しい」というイメージがあった。とにかく「さえずり」の能力を引き出すことを目的に改良されたため、品種ができあがった当初は、原種から引き継いだままの地味な羽毛の鳥が多く見られた。

しかし近年は、見た目にもこだわるブリーダーや飼い主が増えたこともあり、色彩の点でも豊かになってきている。ただしそれでも、よく見られる色は、原種寄りの「緑」と、「黄」、「オレンジ」、「白」、「斑」が中心であることは変わらない。もともともっている色素によるカナリアの色の基本がここにあるためだ。

歌う能力に目を向けて生み出されたソングカナリアだったが、その過程で予期しない突然変異も起こった。頭部の羽毛が花弁状になった、いわゆる「梵天《ぼんてん》」タイプの鳥が生まれてきたのだ。カナリアではこれを「冠羽」と呼び、このタイプの鳥を「クレステッド」と呼んでいる。

ローラーカナリアが新品種として誕生した当初から、各地で盛んにカナリアの歌の品評会が開かれ、鳥の評価が行われてきた。ただし、地域によって愛好家の好みがちがっていたことから、優勝できる鳥にはその土地なりの傾向も生まれた。たとえば、日本とヨーロッパを比較すると、日本では、キーが低く、声量があまり豊かでない鳥が好まれる傾向があったといわれる。

なお、羽毛色や体型の改良も進んで美麗な鳥が増えたことから、最近のソングカナリアの品評会ではさえずりに加えて容姿の審査が行われることも増えてきている。

スタイルカナリア

体型や羽毛の色など、見た目についても改良が進められて、新たな品種が次々と誕生した。「キャップ」と呼ばれる黄色い羽毛を頭部にもった、全身が褐色で絹のような羽毛でおおわれたリザードカナリアは、もっとも古い品種とされる。

身体に関しては、立った姿勢、羽毛の形状、色などについて改良が加えられた。さえずりの向上を求めて改良された「ソングカナリア」に対して、この系統は「タイプカナリア」や「スタイルカナリア」と呼ばれる。

姿勢の点では、ふつうの姿勢でとまり木に止まるノーマルなものと、直立した姿勢のものが見られる。体格では、ノーマルなもの以外に、細身のもの、丸い体型のものがいる。羽毛はノーマルなタイプのほか、巻き毛のものと、頭部に冠羽があるものがつくられた。

このうち、すくっと立った姿勢で細い身の「細カナリア」と、全身の羽毛が巻いている「巻毛

赤カナリア（レッドモザイク）。

円形の冠羽（クレスト）があるグロスターカナリア。

解説書『*Our Canaries*』（1911）に掲載された20世紀初頭のカナリアの品種。

カナリア」は、日本で生み出された品種である。

原種がもつ色素の関係から、カナリアでは白色や黄色の鳥は生み出せても「赤」は不可能であることがわかっていた。だが、どうしても「赤」がほしかった人々は、オレンジローラーカナリアに南米産のショウジョウヒワをかけ合わせることで、一九二〇年代に「赤カナリア」を誕生させることに成功する。近縁であったとしても、異種と交配させて繁殖力のある子孫を残すことはきわめて困難であるが、赤カナリアはその希有な例となった。

ただし、そのままふつうに生活させると赤にはならない。羽毛の鮮やかな赤色は、βカロテンやカンタキサンチンなどのカロチノイドを経口摂取することで発色する。赤カナリアは食べ物にも気をつかう必要のある品種となった。

3　音楽とカナリア

ナイチンゲールの代わりに

カナリアの生産が増え、社会の上層以外の人々まで飼育するようになった時期は、リコーダーの一種である「バード・フラジョレット」などを使って飼っている鳥に音楽を教えたり、ともに演奏することが流行した時期でもあった。ソングカナリアはまだ世に誕生していなかったが、カナリアの繁殖は進んでおり、ほしい人間が買える状況にはあった。

雛から育てたカナリアはよく人に馴れ、丈夫で、捕獲されたヨーロッパの野鳥よりもはるかに長生きをした。ヨーロッパでナンバーワンの鳴禽はナイチンゲールとされたが、育雛のために渡ってきて、冬になるとアフリカに帰るナイチンゲールが人に飼われた状態で、当時のヨーロッパの冬を越えるのは難しかったと推測する。そもそも人に馴れにくい鳥でもあったため、人のもとにいることのストレスは大きく、慣れない寒さも加わって長生きさせることは困難だったはずだ。

その点、カナリアはずっと長生きをしたうえ、人を恐れることもなく、人との暮らしにスムーズになじんだ。音楽を聴かせ、曲を教える際のハードルも、ウソなどの一部の鳥を除けば、ずっと低かったと推察する。

リコーダーを使って小鳥に曲を教えるための楽譜兼指導書として書かれた『小鳥愛好家の楽しみ』に、ウソやホシムクドリ、ナイチンゲールと並んでカナリア用の譜面も掲載されたのは、音楽の学習能力の高さに加え、こうしたカナリアの性質が把握され始めていたことも大きかったと思われる。

音楽家とカナリア

愛情をもってカナリアと暮らしていた音楽家といえば、後期バロック音楽を代表するドイツの作曲家テレマンだろう。彼の大切なカナリアがある日、ネコに襲われる。家族のように愛したカナリアの死に対する悲しみと哀悼の気持ちを、テレマンはカンタータにした。タイトルは、そのまま『カナリア』。カンタータは、器楽、管弦楽の伴奏がついた声楽曲である。

「ああ悲しいかな、私のカナリアが死んでしまった」というアリアで始まるこの曲は、「芸術に熟達したカナリアのための葬送の音楽（名歌手カナリアへの葬送の曲）」と訳されることもある。別名、『カナリア・カンタータ』。

愛鳥が死を迎えた経験をもつ人間には、テレマンの辛さが実感として理解できる。こうした曲をつくりあげてしまった衝動もわかる。この曲からは、彼の胸の痛みと慟哭が強く伝わってくる。

4　炭坑のカナリア

カナリアと鉱山の関係の始まり

十八世紀になると、カナリアと鉱山の結びつきが生まれる。始まりは、ドイツとオーストリアの国境付近にあるチロルやハルツといった地方だった。

もともと鉱山では、カナリアが登場する以前から、新たな坑道を掘り進める際、有毒ガスが出ている場所や酸素が少ない場所を知るために、捕獲した野鳥や、ネズミなどの小型哺乳類を坑内に連れて行くのが慣例となっていた。

一方で、銀山も炭坑も労働はとても過酷であったため、そこで働く労働者には、精神の維持、気晴らしのための特権がいくつか認められていた。野鳥を捕獲して飼うこともそのひとつだった。島森尚子氏の『ザ・カナリア』によると、ドイツではとくに厳しい労働の対価として、野鳥を捕獲して飼うだけでなく、さえずりの訓練を施して価値を高めた鳥を家族がほかの町で売り歩くことも、鉱山労働者およびその家族の特権として認めていたという。

カナリアの繁殖がヨーロッパで広まると、そうした鉱山の町では、売り物としてのカナリアの繁殖も行われるようになった。鳥を育てることに長けた人々が多かったからである。

ローラーカナリアの原品種となった「ハルツァー・ローラー」という品種が生み出されたのも、多くの鉱山を抱えていたハルツ地方の村、サンクト・アンドレアスベルクである。

「ハルツァー・ローラー」の名は、この地域の名前に由来したものだったことがわかるだろう。つまり、鉱山を抱える町がしだいにカナリアの繁殖を行う拠点のひとつになっていき、町ではたくさんのカナリアが飼育される状況が生まれたのである。

坑道に連れて行く生き物が、ネズミなどの哺乳類や野鳥からカナリアに変わったのは、第一にネズミなどの哺乳類に比べて、鳥類のほうがメタンや一酸化炭素、二酸化炭素といったガスに過敏に反応すること、第二に、捕獲した野鳥では、日々、深度を増していく鉱山に対応できず、弱って死んだり、暴れて死んだりすることが増えたことが挙げられる。

それに対して、雛から籠で育てたカナリアは人のそばで安心し、長時間、鉱山内に連れて行ってもメンタルが維持できたうえに、高温多湿な環境にも耐えてくれた。生まれたときから籠で過ごしていたカナリアは、野鳥とちがって狭い籠に入れられてもパニックを起こして暴れたりしなかった。もともと丈夫な鳥だった、ということはいうまでもない。

そして、先にも記した状況から、炭坑のある町にはカナリアがたくさんいた。その中には、健康ではあるが、羽毛の異常などから売り物にならないと判断された鳥もいたかもしれない。鉱山に連れて行くカナリアを選ぶ際、そうした鳥が優先的に選ばれた可能性もある。

そうしたことが背景となって、鉱山に連れて行く生き物はカナリアに絞られていった。外国をふくめたほかの鉱山でも、「ガスセンサー」として使われるものとしてのカナリアの有効性が認められ、しだいに切り替わっていく。

そんななかで、「炭坑のカナリア（A Canary in a Coal Mine）」という言葉が生まれた。炭坑にカナリアを連れて行くことがなくなった今も、「身をもって現場の危険を知らせる者」という意味で「炭坑のカナリア」という言葉は使われ続けている。

カナリアはともに炭坑に入る仲間

だが、鉱山のカナリア、炭坑のカナリアについては、誤解されていることも多い。

特定のガス成分に対して鳥類は、人間よりもずっと敏感に反応することは事実だが、人間のほうが高感度で反応するガスもあり、カナリアは決して万能なセンサーではなかった。

また、気嚢《きのう》という特殊な肺の補助臓器をもつ鳥は、高度一万メートルの上空を飛ぶ種がいるこ

カナリア雛。新たに誕生した雛が育っていく姿を見ることは、地上に戻った坑夫にとって、心の安らぎや、明日の仕事に向けた気持ちのリフレッシュにもつながっていったのだろう。

蘇生装置つきのケージ。カナリアにガスの影響が見られた際は前方の蓋を閉じ、上部のボンベから酸素が供給されるしくみになっていた。

とからもわかるように、有毒成分がない場所なら、酸素濃度が低くなっても問題なく生命を維持することができた。こうした環境では、人間のほうが先にダメージを受けてしまう。そうしたことがわかってなお、カナリアは有効と見なされて、坑道に連れて行かれたのである。

「炭坑のカナリア」に関する最大の誤解は、「カナリアは使い捨て」というイメージだ。

坑夫にとってカナリアは、道具というよりも「同僚」だった。使い捨てにできるような相手ではなく、逆に、仲間として大事に扱っていた。現場では、カナリアのための酸素ボンベも用意され、町にはカナリアを診るための獣医が常駐していたほどである。

体調を崩す様子が見えた場合、そこから急いで退去させ、カナリアに特化した装置で酸素吸入などの回復・延命措置が行われた。

あらためて強調するが、カナリアは世の中が思うような便利な使い捨ての道具ではなかったのである。そして実際、世界が考えるよりも、鉱山、炭坑でのカナリアの死亡例は少なかった。

5　日本人とカナリア

カナリアの渡来時期

大きな飼い鳥のブームがあったことなどから、江戸時代には多くの海外産の鳥が日本に輸入されていた。管理のために幕府は、長崎奉行所に輸入記録をつくらせた。その記録である『唐通事会所日録』によれば、カナリアの初渡来は、宝永六年（一七〇九年）のこととなる。

だが、カナリアの渡来時期を「天明年間（一七八一～一七八九年）」と記す書物は国内に多く、それが事実であるかのように語られてきた。江戸末期に編纂された、俗語やことわざ、時代を反映した情報・用語集が解説された『俚言集覧《りげんしゅうらん》』などにそう明記されていたためである。

『俚言集覧』は、カナリアについて次のように解説していた。

「かなありや　黄なる小鳥にて近年よく好み飼ふ人あり。天明のはしめの年阿蘭陀《おらんだ》舶来にて、初めて江戸駿河《するが》臺邉《だいあたり》の人これをもとめて庭籠《にわこ》にて子を生しめ高金《こうきん》を得たりとある人いへり。加拿林鳥（カナアリヤ）」

だがこれは、引用元の文献の一部を抜き出して編集したもので、重要な情報がいくつも欠落した不完全なものだった。『俚言集覧』のカナリアの解説は、比野勘六の『飼鳥必用』かそれに類する書物をもとに書かれたものと推察するが、『飼鳥必用』にはカナリアについてこうある。

「此鳥大古より間々紅毛人《こうもうじん》長崎へ持渡たる鳥に候得共《そうらえども》、皆雄計《ばかり》相渡り、雌は渡らず候故、日本の地にて子を生立《おいたて》る事なし、然處《しかるところ》天明年中、紅毛人自分なぐさみに初《はじめ》て持渡番鳥《つがいどり》也、長崎出島屋敷にて年々子を取り生立、此親鳥其節之奉行所御所望にて、初て東都江御持帰り、然る處駿河《するが》臺《だい》の御旗本何某《なにがし》と申《もうす》御方《おかた》御貰《おもらい》にて、直に子出來たるよし、生立無功して皆とも落鳥と相成、又候《またぞろ》翌年工夫を以《もって》澤山生立、二三年も外方へ持出候而、段々被出候《でられそうろう》、夫《それ》より今江戸中は勿論、日本國中皆飼學、子は何方にても生立、（後略）」

カナリアは以前から時々、オランダ人の手で長崎に持ち込まれていたが、それらはみなオスばかりだったので雛が孵ることはなかった。番《つがい》（＝雄雌のペア）が初めて持ち込まれたのは天明年間で、出島のオランダ屋敷で繁殖に成功する。その番《つがい》を譲ってもらった長崎奉行は鳥を江戸に運ばせ、駿河台のある旗本の屋敷で繁殖が試みられたが一年目は失敗。だが、さまざまな工夫をしたことで翌年からは雛を孵し、無事に成長させることに成功した。そうして、今や江戸はもちろん、日本中どこでも飼育される鳥となった。

現代語に直すとこうなる。つまり、日本に上陸したカナリアは最初はオスのみで、「つがい」で持ち込まれたのが天明年間であり、このとき初めて繁殖に成功。その後、日本に広がっていったということになる。

こうしたやり方で、オランダ人は高い収益を上げたらしい。そして、もう十分という時期になってメスを引き渡したと見てよさそうだ。

カナリアが生息地からヨーロッパ本土にもたらされた当初は、本土で繁殖させないためにオスだけが持ち込まれて値崩れを防いだ話があったが、日本への持ち込みの際にも、これと酷似した状況があったことが興味深い。オランダの商人がスペインの商人をまねたということだろうか。

初渡来からしばらく、カナリアはとても高価で、一七八〇年ごろに薩摩藩主がつがいで買い上げた際は、金七十両（現在の金額で二百万円以上）を支払ったとされる。

しかし、その後、日本でもカナリアの繁殖が軌道に乗り、飼育者のすそ野も広がったために、初上陸の百年後には、当初の百分の一ほどにまで価格が下がったことが、戯作者・滝沢馬琴の日記などから判明している。

滝沢馬琴とカナリア

曲亭馬琴（滝沢馬琴）は鳥全般に関心をもったが、なかでもとくに大事に育てたのがカナリアであり、カナリアの愛好家でもあった。日記を読むと、何十年にもわたって複数のカナリアを単独またはつがいで飼っており、繁殖させた鳥をまわりの愛好家に譲ったり、知人と交換したりしていたことがわかる。

また、馬琴のまわりにカナリアの飼育者や愛好者をつなぐ緩いネットワークが存在していたことも、遺された手紙や日記などの文書から判明している。

知人の鈴木牧之《ぼくし》に宛てた書簡の中には、カナリアの飼育についてのノウハウも綴られていた。事実上の飼育書であるそれは、現在、『金雀養方』という名で知られている。つまり、馬琴には飼育書が書けるだけのカナリアについての知識があった、ということである。

品種改良と輸出の歴史

江戸時代に確立されたカナリアの飼育方法はその後も長く継承されて、昭和の時代の飼育にも生かされることになる。江戸時代に匹敵する鳥ブームが起こった戦後昭和には、カナリアの品評会も盛んに行われた。

昭和の日本において、鳥の飼育や販売、海外への輸出は、ひとつの産業として確立した。「ペットデータ年鑑」（野生社）によれば、一九三七年、三八年には一万四千羽のカナリアが海外に輸出されていた。第二次対戦中は鳥の交易が止まったが、世の中が落ち着いてきた一九五〇年代初頭には、一カ月に最大で三万羽ものカナリアが輸出された。輸出の中心は、世界で人気となった赤カナリアだった。

第8章　カッコウとキツツキ

1　カッコウの素顔

世界のどこでも「カッコー」

鳴き声が、そのまま名前になっている鳥がいる。だから、鳴き声を耳にすると、その鳥がいることがわかり、同時に名前も浮かぶ。

その鳥の名はカッコウ。山裾の森などで、よく響く声で「カッコー」と鳴く。声を聞いたことがある人なら、「カッコー」と鳴く鳥が「カッコウ」と呼ばれることに異論はないだろう。初めてその声を聞いたとしても、そのネーミングには、きっと納得するにちがいない。

もちろん、カッコウの話題はヨーロッパの人々にも、ごく自然に通じる。

初夏になると、ヨーロッパにも渡ってくるカッコウ。名前は各国とも、日本と同様、鳴き声からつけられている。だから正確な名称やその国の言語での綴りを知らなくても、こんな感じで鳴く鳥ですよ、とまねしてみせると、文化も国境も越えてはっきりと伝わる。

実際、各言語の綴りも鳴き声のままだ。英語はCuckoo、オランダ語はKoekoek、ドイツ語はKuckuck、フランス語はCoucou、スペイン語はCuco、イタリア語はCoculo、ラテン語ではCucullus、ギリシア語でΚούκος となる。

そんなヨーロッパでカッコウは、「鳴き声でみずからの名を告げる鳥」、「自画自賛鳥」とも呼ばれている。しかし、カッコウが自分で名乗ったり、この名前でいくと決めたわけではない。命名したのは声を聞いた人間だ。なので、こうした評価については釈然としないところもある。勝手な印象で、こんなふうに決めつけていいのかと思う。少しだけ……、いや、かなり非礼だとも感じてしまう。

ちなみに「カッコー」と鳴いているのはオス。メスやほかのオスに対して、ナワバリの主張や自己のアピールとして鳴く。メスは地味な地鳴きをするのみである。

カッコウは夏を告げる

カッコウ科の鳥は世界に百五十種ほどいる。その中で「カッコー」と鳴くのはカッコウだけだ。カッコウ、ホトトギス、ジュウイチ、ツツドリ。日本に飛来するカッコウ科は四種。この中のジュウイチ（十一）も、おなじように鳴き声から名がつけられた鳥だ。「ジューイチッ」と鳴くその声が、そのままこの鳥の名前となった。

加えて、ツツドリ（筒鳥）の名も鳴き声を由来とする。「ポポ、ポポ」と鳴く声が、筒（鼓）を叩いたときに出る音に似ていたため、この名前となった。

カッコウ。

カッコウ類は、夏の初めに繁殖のために飛来する。極地とチベットを除いた、ほぼ全ユーラシアで見られるカッコウだが、自身で子育てをしないこともあり、交尾と托卵先の巣への産卵が終わると、秋を待つことなく、早々に越冬地へと帰っていく。ヨーロッパのカッコウは南アフリカに、日本や中国のカッコウは南アジアや東南アジアに去る。

初夏を告げるためだけに訪れ、鳴き声を響かせる。それがカッコウである。

托卵の評価

カッコウが、ほかの鳥の巣に「托卵」をすることは、ギリシア・ローマ時代からよく知られていた。紀元前四世紀に書かれたアリストテレスの『動物誌』や、その五百年後に書かれたプリニウスの『博物誌』にも、托卵についての記述がある。

ただし、二千〜二千五百年前には、托卵された巣で孵化したカッコウの雛が、実際になにをしているのかよくわかっていなかった。そのため、巣の中にカッコウの雛一羽だけが残る理由について、「カッコウの雛は美しいので、自分の雛が気に入らず親鳥が殺してしまう」とか、「自分の雛を殺してカッコウに食べさせている」など、妄想に近い想像もされた。今ではとても信じられないこうした主張を、アリストテレスの『動物誌』などにも見る。

カッコウの卵は宿主の卵よりも早く孵り、その巣本来の卵をすべて巣外に落として殺してしまう。仮に、自分よりも早く孵った雛がいた場合、その雛までも巣外に落としてしまう。最終的にカッコウ一羽だけが残り、ほかの雛に与えられるはずだった餌を独占して成鳥になる。今ではそれが記録映像などによって証明されているが、古代の人々には大きな謎だったのだろう。

ちなみに、おなじ巣に二羽のカッコウのメスが別々に卵を生んだ場合、先に孵った雛が、同種の卵も落として殺してしまう。「背にふれたものは巣の外に落とせ」。それがカッコウの雛の本能に刻まれた命令である。

日本では、おなじカッコウ科のホトトギスの托卵にふれた歌が『万葉集』の高橋虫麻呂作品の中に残っている。これが、日本におけるカッコウ類（杜鵑類《とけんるい》）の托卵を記した最古の記述である。

日本で見られるカッコウ類は四種すべてが托卵をするが、世界でみると、托卵するのはカッコウ科全体の三分の一ほど。ヨーロッパではカッコウと、あと一種のみが托卵をする。

2　カッコウのイメージ

カッコウは縁起が悪い？

日本人がカッコウという鳥と、その声に感じてきた印象は、森や山にいる鳥、静寂の中に響く声、もの悲しさ、などだ。

静かな空間に響くその声に、心地よさや落ち着きを感じることはあっても、「陰」の気配を感じることはあまりない。ただしそれは、商いの現場にいる人を除いて、だが。

商売の現場では、カッコウの異称である「閑《かん》古《こ》鳥《どり》」に対して、きわめて悪い印象があった。客足が途絶えてさびれた店内の様子を示す言葉として、古くから「閑古鳥が鳴く」という表現が使われてきたからだ。商売繁盛を願う者にとってカッコウは、そばに来てほしくない鳥の筆頭にいる、「いやな相手」だったのである。

だから、ヨーロッパで長く親しまれてきた「ある時計」が日本に入ってきたときに、強く忌避する声が出た。それは、時間が来るとカッコウが鳴く「絡操《からくり》」が仕掛けられた、壁掛けの「カッコウ時計（Cuckoo clock）」が日本に持ち込まれたときのこと。

カッコウ時計は、スイスとの国境に近いドイツのシュヴァルトヴァルト地方で作られ始めたものがヨーロッパ中に広がったものだ。それが日本に上陸した際、「こんな縁起の悪いものはダメ

鳩時計と呼ばれるカッコウ時計。写真提供：珈琲と鳩時計の店ロンドベル

だ」という反対の声が出て、「カッコウ時計」は「ハト時計」に名を変えられてしまったエピソードがある。

　世界の中で、時計のカッコウがハトに変化したのは日本だけ。裏を返せば、日本の商売人のあいだでは、それだけカッコウ（閑古鳥）に対して強い拒絶感があったということだろう。

　こうした経緯から、鳥の鳴き声で時を告げる山小屋を模した壁掛け時計は「鳩時計」と呼ばれるようになり、今も多くの日本人がそれを「カッコウ時計」ではなく「鳩時計」と認識している。

　しかし、よくよく声を聞いてみると、鳩時計には「カッコウ」と鳴いているものもけっこうある。ドイツから直輸入された比較的新しい時計では、森でサンプリングしたカッコウの声を響かせているものさえある。それでも、そうした時計に対してクレームがつくことはないようである。

　もう一点、カッコウの声に関する情報をつけ加えると、日本の多くの横断歩道において、歩行者、とくに視覚障害者に対して、どの方向が青信号であるかを告げる音として、ピヨピヨと鳴く音とともに、カッコウの声をまねた音が採用されている。信号の状況を示す音として、そこを歩く人の耳にはっきりと伝わりやすいという点から採用されたという。

カッコウのヨーロッパでの印象

ヨーロッパ人にとって、カッコウの印象は悪くはない。もとより春告鳥でもあるので、どちらかといえばよいほうだ。ただ、方角的に北はダメなど、国によってはカッコウ時計を置いてはいけない方角などが指定されているという。

季節感があり、メリハリの感じられるカッコウの声を自身の音楽に組み込んだ作曲家は多い。愛称として、カッコウの名がつけられた作品もある。もちろん童謡や民謡にも、カッコウを題材にしたものが数多ある。托卵する鳥であったとしても、多くのヨーロッパ人にとってカッコウは、耳に親しんだ、心地よい声の鳥だったようだ。

ベートーヴェンの交響曲六番『田園』の第二楽章「小川のほとりの情景」の終わりには、鳥の鳴き声が入る。カッコウの声をまねるのはクラリネット。フルートがナイチンゲール、オーボエがウズラの声を担当する。おなじくベートーヴェンのピアノソナタ第二十五番は、その第一楽章にカッコウの鳴き声に似た部分があるため『カッコウ』の愛称で呼ばれる。

マーラーの交響曲第一番『巨人』の第一楽章の中にもカッコウの声を彷彿とさせる部分がある。奏でるのはベートーヴェンの『田園』と同様、クラリネット。楽譜冒頭の演奏指示に、「自然の音のように」と記されていることも知られたとおり。

日本玩具博物館所蔵のカッコウ笛。

ほかにも、作曲家でヴァイオリニストのシュメルツァーの、ヴァイオリンと通奏低音のためのソナタ『カッコウ』、作曲家で演奏家のダカンのクラヴサン組曲『かっこう』などがある。

レスピーギの管弦楽組曲『鳥』の五番目「カッコウ」は、パスキーニのピアノ曲『かっこうの鳴き声をもつトッカータ』を基盤とする曲だ。

音楽としての鳥の声が庶民層にまで浸透していたこともあり、ヨーロッパではさまざまな鳥笛もつくられてきた。カッコウの声をまねる陶器製の「カッコウ笛」も、もちろんつくられた。

日本にも鳩笛などがあるが、ほとんどが単音である。そんな日本の土笛に比べて、ヨーロッパの鳥笛はメロディとして鳴き声に似せた音が出せるように指穴のあるものが多い。ただし、複雑なメロディを必要としないカッコウ笛では、指穴がひとつだけのものが一般的のようである。

なお日本では、「日本玩具博物館」やそのウェブページで、実際のカッコウ笛を見ることができる。

カッコウから派生した欧州の言葉

紀元前五世紀に活躍したアテナイの詩人アリストファネス（アリストパネス）の喜劇に『鳥』という作品があり、そこにもカッコウが登場する。

興味深いのが、この作品から派生した単語だ。はるかな上空の、雲と雲のあいだに理想の都市「cloud-cuckoo-land」があるという設定から、「cloud-cuckoo-land」はのちに理想（夢想）の国、現実には起こりえないこと、実現不可能なありえない計画、という意味で使われるようになり、「live in a cloud-cuckoo-land」で、空想の世界で暮らしている（人）、夢想家の意味となった。単純に「cuckoo」が、現実から遠い「愚か者」という意味で使われることもある。

カッコウに由来する言葉としては、ほかに「妻を寝取られた男」を意味する「cuckold」というものもある。ただ、よくよく考えると、カッコウは加害する側なので、罪のない夫に対してカッコウ由来の言葉を使うのは、ちょっとちがうようにも思う。

カッコウやその仲間が托卵をするのは、自身の体温調整能力が低く、夜間に体温が下がってしまうことから、抱卵をしても安定して卵に熱を伝えることができず、子を死なせてしまう可能性が高いためと考えられている。

悪の所業のイメージがある托卵だが、実際には子孫を残していくための苦肉の策として行われているものというのが、最近の研究からわかってきた事実である。

ジャック・ルイ・デュボワ作『ヘーラー』。手にもつ王笏の先端の鳥はカッコウ。

カッコウの神話

ギリシア神話にも、カッコウが登場する話がある。主神ゼウスが、のちに妻となる女神ヘラ（ヘーラー）にカッコウに化身して近づいたエピソードがそうだ。ちなみにヘラの聖鳥は、カッコウ、クジャク、ツル。結婚や出産、家庭（の平穏）を司る女神であるヘラには、「純潔」を求める気質もある。ヘラの特徴として語られる「嫉妬深さ」は、家庭の平穏や純潔を求める意識の裏返しでもあった。

そんなヘラは、絵画などで聖鳥のクジャクとともに描かれることが多い。手には王笏《おうしゃく》が見える。王笏とは装飾が施された杖で、権威を象徴するもの（＝レガリア）でもある。

王笏の先端に装飾された鳥は、もちろんカッコウだ。カッコウが止まった王笏は、先のエピソードをふまえると、ゼウスを愛しているが支配はされておらず、逆にカッコウがついた王笏が手の中にあることで、ゼウスを自身のものとしてひそかに支配しているという解釈もできるという。

なお、多くの鳥類が登場する日本の神話には、カッコウも、同科のホトトギスも出てこない。

3　キツツキ

行動が名前になった鳥

さて、もう一種。こちらは声ではなく挙動だが、ふだん見せる行動が国や言語を越えて、その鳥の名称となった鳥グループがいる。木をつつくからキツツキ。エサを探すときも、巣にする穴を掘るときも、嘴が活用される。その行為が、そのまま鳥やグループの名前となった。

漢語からきている日本のキツツキ類の異称である「啄木鳥」も、「木を啄《ついば》む鳥、木をつつく鳥」の意である。もちろん、キツツキの中国名も「啄木鳥」だ。

「アカゲラ→赤啄木鳥」、「アオゲラ→緑啄木鳥」など、キツツキを漢字表記する際は、習慣的にこの「啄木鳥」が使われている。歌人、石川啄木の筆名の由来もここにある。

キツツキを示す英名は、「ウッドペッカー（Woodpecker）」。英語の「ペック（peck）」には「嘴でつつく、啄む」という意味があり、woodpecker で、「木を嘴でつつく者」となる。つまりその命名法は、日本のキツツキとおなじパターンとなっている。

和名の由来と伝説

よく知られた名だが、実は日本には「キツツキ」という名前の鳥は存在しない。すべて、アオゲラ、アカゲラ、コゲラなど、「〇〇ゲラ」という名になっている。これはキツツキ類の古名である「けらつつき」がもとになっているためとされる。「けらつつき」の「けら」は、もともと「虫」を意味していて、嘴で木に穴を開けて虫を捕ることからついたとする説が有力だ。

「〇〇ゲラ」と濁ったのは、ふたつの単語をつなげたとき、後ろの単語が濁音になる日本語のルール「連濁」によるものだ。たとえば「閑古＋鳥」が「かんこ『ど』り」と濁るのとなおじように、「〇〇ケラ」が「〇〇ゲラ」になった。

キツツキという名称は比較的新しく、アカゲラなどがキツツキと呼ばれるようになったのは江戸時代になってからで、それ以前は「けらつつき」、または「てらつつき」と呼ばれていた。

江戸時代になって、ケラツツキを縮めて「ケラ」と呼ばれることが増え、それが現在の名前の由来となったことがわかっている。なお、越谷吾山《こしがやござん》によって編纂された江戸時代の方言辞典『物《ぶつ》類称呼《るいしょうこ》』には、けらつつき、てらつつき、きつつきが併記されている。

「けらつつき」が意味することは先に記したとおりだが、平安時代から使われていた、もっとも古い呼称である「てらつつき」は、いまだに由来がわかっていない。

まことしやかに伝えられているのが、聖徳太子の時代に太子（厩戸皇子）と蘇我馬子を恨みつつ滅んでいった物部守屋《もののべのもりや》の霊が鳥と化して四天王寺を襲い、つついてそれを破壊したため、「寺突つき」と呼ばれ、それがゆえに「てらつつき」と呼ばれるようになったという話だ。俗説だが、興味深く感じられる。なお、スズメのページで鳥山石燕の描いた妖怪化した入内雀を紹介したが、キツツキもまたおなじ書籍の中に妖怪「寺つつき」として描かれていることを追記しておこう。

余談になるが、アメリカでアニメーションにもなった、道を高速で走り抜ける鳥ロードランナー（和名、オオミチバシリ）も、キツツキ目キツツキ科の鳥である。ただし、こちらは木はつつかない。得意技は、強靭な足を使った平らな地面の高速走行である。

国内最小のキツツキ、コゲラ。

ひそかに森を助けるキツツキ

オセアニア、ニューギニア島、マダガスカル島、太平洋の島々にはキツツキ類がいないが、それ以外の場所には約二百十種のキツツキ類が分布する。

キツツキ類もカッコウ類も趾《あしゆび》は前が二本、後ろが二本の対向指《たいこうし》となっている。対向指の趾は、スズメ目など、標準的な鳥の趾よりも格段にグリップ力が高い。キツツキはそうした趾と鋭い爪を使って、木（樹）の根本から上部の樹冠までの幹を自在に上下に移動することができる。

その名のとおりキツツキは、さまざまな場面で木をつつく。なかでも、中に潜む昆虫の幼虫などを得る場面での嘴の使い方は芸術的でもある。

餌となる獲物がいそうな生木や枯れ木をつついてみる。そして、木に耳を押し当てる。奥に逃げこもうとするなど、反応した虫がいれば、それは「音」となって耳に届く。どの場所のどの深さにいるのかという情報を、キツツキは脳裏に正確に描き出すことができる。あとは、その場所に素早く、必要な深さの穴を開ければいい。開いた穴に先端が鍵状になった長い舌を差し込んで虫を引っかければ、あとは食べるだけである。

なおキツツキは、こうした虫を探す行動や巣穴をつくる行為を通して、虫に侵入されていない元気な木と弱った木を見分けることができる。そして、弱った木に穴を開けて虫を食べることで、結果的にその木が倒れるのを早めると考えられている。

木が倒れると、そこに新たな木が育つ。健康な木に入り込んだ虫も早期に発見して食べる。そうした行動を通して、森の健康を維持し、新陳代謝を加速する役割をキツツキ類は担ってきた。そうやって、人間が気がつかないところで森の保全に貢献してきた鳥でもあるのだ。また、キツツキが開けた穴を、のちにモモンガなど、ほかの動物や鳥が二次利用するケースもある。キツツキは森の生態系の維持にも役立っている。

第9章

ミソサザイとコマドリ

1　さえずる小柄な鳥

コマドリとヨーロッパコマドリの素顔

スズメ目ヒタキ科のコマドリ（駒鳥）。日本にいるコマドリ（Japanese Robin）は、体長が十四センチメートル前後で、オスは頭部、喉、首、尾が赤橙色、腹は黒っぽい灰色。尾を立て、広げた姿でさえずる。メスはオスに比べてやや地味な配色で、腹の色も淡い。夏に日本に飛来し、冬は中国南部で越冬する。平地から亜高山帯の林で繁殖することから、都市部でコマドリの姿を見ることはほとんどない。

図鑑などに掲載されたコマドリの学名を見ると、「*Luscinia akahige*」となっている。アカヒゲ？

誤植？　と、頭に疑問符が浮かんだなら、アカヒゲ（Ryukyu Robin）の学名も見てほしい。そこには「*Luscinia komadori*」とある。つまり、学名が入れ替わっている。

このミスは、来日していたシーボルトがオランダに剥製を送った際、受け取ったオランダ人博物学者のテミンクが両者を取りちがえて記したことが原因といわれているが、実際にはシーボルトが標本のラベルを貼りまちがえたことで生じたものだったようだ。

そんなコマドリの「コマ」は、「若駒」など馬を意味する漢字の「駒」で、「ヒンカラカラ」と聞こえたさえずりが、馬のいななきに似ていたことが由来となった。江戸時代、そのさえずりが素晴らしいと高評価を得たことで、ウグイス、オオルリとあわせて「日本三名鳥（三鳴鳥）」と呼ばれるようになった。

一方、ヨーロッパには、コマドリによく似たヨーロッパコマドリ（Eurasian Robin）がいる。「ロビン」と呼ばれた鳥は、もちろんこちらがオリジナル。ヨーロッパの文学に登場するコマドリ（駒鳥）は、例外なくヨーロッパコマドリである。

ヨーロッパコマドリは雌雄同色で、日本のコマドリに比べてわずかに小さい。鮮やかなオレンジ色の領域が目の位置より下にしかなく、後頭部は灰色っぽいオリーブ褐色である一方、胸のオレンジ色の領域は日本のコマドリよりも広く、腹の上部まで続いている。

亜種に分かれた鳥が日本と欧州の両方で暮らす例も多いが、ヨーロッパコマドリは完全に別種。同科だが、日本のコマドリとは遠い関係にあるため、鳴き声も大きくちがっている。

ヨーロッパコマドリは基本的に留鳥で、イギリスなどでも一年中見られる鳥だが、西シベリア

ヨーロッパコマドリ。12.5〜14cm と、日本のコマドリよりやや小柄。さえずりも異なる。「Redbreast」という異名も、その姿をよく表わしている。撮影地はイギリス。

増山正賢『百鳥図』より日本のコマドリ。日本三名鳥の一角をなし、江戸時代から飼い鳥として人気があった。国立国会図書館収蔵

やスカンジナビア半島の鳥はアフリカ北部沿岸から中東に渡って越冬をする。なお、イギリスの鳥は大陸のヨーロッパコマドリの亜種で、大陸のものとはやや色合いが異なっている。

ヨーロッパコマドリの性質

ヨーロッパコマドリはナワバリ意識が強い。秋から冬はオス、メスともに自身のナワバリをもって単独で暮らすことから、ナワバリを主張するためにメスもよく鳴いている。結果、さえずりを聞く機会が増え、人々の耳にその声が強く印象づけられることとなった。以前より日本人に比べてヨーロッパ人のほうがコマドリに対する愛着が強いように感じていたが、こうしたことも影響しているのかもしれない。

ヨーロッパコマドリはあまり人を恐れず、民家の近くにも巣をつくる。イギリスのコマドリは大陸のコマドリに比べてさらに人に対する警戒感が薄いようで、畑仕事の際に地中から出てきたイモムシも、ためらわずに寄って「ごちそう」とばかりついばむ姿を見る。公園のベンチでなにか食べていると、椅子の端に乗って物欲しそうに人間を見ることもある。そんなところもイギリス人に愛された要因のようだ。

イギリスに暮らすヨーロッパコマドリとイギリス人は、ある意味、相思相愛の関係にも見えた。長いあいだ、英国民から事実上の国鳥と認識されてきたヨーロッパコマドリは、二〇一五年の国民投票により、晴れて正式にイギリスの国鳥に認定された。

オレンジがかった赤褐色の胸元の羽毛から、イギリスではヨーロッパコマドリを愛情をもって「Redbreast（赤い胸）」と呼ぶ。一方、赤い制服で配達業務を行った十九世紀ごろのイギリスの郵便配達員も「Redbreast」と呼ばれていた。この二つの「Redbreast」が結びつけられた結果、ヨーロッパコマドリがデザインされたクリスマスカードが人気となり、現在もクリスマスシーズンになるとヨーロッパ各国のポストをにぎわせている。

コマドリは江戸時代の日本でも人気の高い鳥で多数が飼育されていたが、イギリスではそれよりも千年も古い時代からヨーロッパコマドリが飼育されていたようだ。スコットランドの修道士の六世紀の年代記の中にこの鳥を飼育した記録が残っている。

日本名「ミソサザイ」の由来

ミソサザイもまた小柄で地味な小鳥である。しかも藪の中など、人目につかない場所を生活圏にする。全長は十一センチメートルか、それ以下。コマドリよりもさらに小さい。キクイタダキなどと並んで、日本でも最小クラスの鳥だ。全身が細かい斑《ぶち》のある茶色で、雌雄同色。尾を立て、腰を振りながら歩く。一年を通してそのエリアに住む留鳥である。

日本にもヨーロッパにも生息していることからユーラシアの鳥と思われがちだが、ミソサザイ科は基本的に南北アメリカの鳥で、ミソサザイ（Eurasian Wren）だけがユーラシアに暮らす。

南北アメリカに広く分布するミソサザイ大のイエミソサザイのほか、北米にはコマドリとほぼ同サイズのイワミソサザイ、二十センチメートルもある北米最大のサボテンミソサザイなどがいる。なお、サボテンミソサザイはアメリカ、アリゾナ州の州鳥に制定されている。

ミソサザイもよくさえずる鳥だ。複雑な歌を巧みに長時間さえずり続けることに加え、小さな体に見合わないほどの声量がある。特徴のあるさえずりのため、一度聞いておぼえてしまえば、姿が見えなくてもミソサザイの声とわかる。

日本名は、「細い水の流れ（＝溝）にいる小鳥」からきている。奈良時代から、「ささき」や「さざき」と呼ばれていたものが、平安時代に「さざい」になり、「溝の」という接頭語がついて「ミソ」サザイになった。

「ささ」は「小さい」の意、「き」は鳥を示す接尾語で「ささき」で「小さい鳥」の意となる。漢字では「鷦鷯」と記された。現在も漢名としてこの字が使われている。

その名の由来として、「味噌色の小鳥」が語られることもあるが、こちらはあとづけのもの。古代から中世の日本には都以外に大きな町がほとんどなく、人々は森や林に近い小さな村で暮らすことが多かった。ミソサザイは民家のそばに住んでいたことから、「こっそり民家に入り込んで味噌を盗む鳥」という流言も生まれて「味噌」のイメージが強まった。別名の「みそぬすみ」も、ここから生まれた名である。ほかにも地域によって、さまざまな名があったことがわかっている。

さらに江戸時代になると、「たくみどり」とも呼ばれた。これは「器用さ」が由来で、「器用に巣をつくる」というところから来ている。しかし、巣づくりの上手い鳥は多く、そのため複数の

ミソサザイ。こちらは日本の鳥。

増山正賢『百鳥図』掲載のミソサザイ。国立国会図書館収蔵

鳥が「たくみどり」と呼ばれていた。

実際にはミソサザイの巣はけっこう雑なつくりで、あまり「巧み」とはいえないため、この点で「たくみどり」というイメージはあまりない。

ミソサザイが登場する逸話としては、仁徳天皇の誕生エピソードが有名である。誕生の際、産殿《うぶどの》にミミズクが飛び込み、同日に子が生まれた家臣の武内宿禰《たけうちのすくね》の家の産屋にはミソサザイが飛び込んだ。これを吉祥とみた父親の応神天皇が、この出来事を名づけに生かし、さらに自身の子と武内宿禰の子の「名の入れ替え」を決める。ここから仁徳天皇は大鷦鷯天皇《おおさざきのすめらみこと》と呼ばれるようになったという。

より古い日本神話のエピソードとしては、国造りで悩む大国主命《おおくにぬしのみこと》に助言をするために、海を渡ってやってきた手のひらサイズの小さな神スクナビコナが、ミソサザイの羽毛からつくられた衣服を身にまとっていたという話が『日本書紀』の中に見られる。

ヨーロッパのミソサザイのイメージ

ミソサザイはヨーロッパにおいて「鳥の王」と呼ばれた。アリストテレスが『動物誌』の中で「鳥の王様」に言及していることからも、ミソサザイに対するこうした認識の古さがわかる。

この呼び名は古い伝説にもとづいたもので、次のような物語が存在した。

ある日、鳥たちが集まって鳥の王を決めることにした。戦って勝ったものが王になるのではなく、もっとも高く飛んだものを王と定めることが決まる。予想どおりワシがもっとも高く飛び、そこで勝利宣言をしたが、ずっとワシにしがみついていた（ワシの羽毛の中で息をひそめていた）ミソサザイが上空でワシから離れて飛び立ち、より高い空に上がってみせた。これによってミソサザイは、鳥たちから「王」と認められることになったという。

日本昔ばなしの「キツネとタニシ」の話にも似た、このような抜け目のないミソサザイの話が古くから語り継がれていたようだ。こうしたミソサザイの行動について、卑怯という声はなく、「勇敢な鳥」や「智恵ある鳥」という評価が多く聞かれた。ヨーロッパの社会においては、肯定的に受けとめられていたようである。

一方、かつてはキクイタダキとミソサザイがおなじグループの鳥とみなされていたこともあり、頭部に王冠状の冠羽（＝crown）をもった「キクイタダキ（菊戴）」のイメージがミソサザイ本体にも及んで、ミソサザイが「鳥の王様」と呼ばれるようになったという説もある。

キクイタダキの現在の英名は「Goldcrest」だが、古くは「Goldcrested Wren」と呼ばれていた。「金の冠をもったミソサザイ」だったのである。

ミソサザイは、日本では高地から山里の鳥と認識されていたが、ヨーロッパではコマドリとともに、身近にいる、人を恐れない鳥という認識だった。とくにオスは身近な場所で、冬場もふくめて一年中鳴いているため、その存在が強く意識に刷り込まれたようである。

なお、シェイクスピアのさまざまな作品にもミソサザイの名を見るが、過去のイギリスにおけるキクイタダキとミソサザイの混同や、シェイクスピアの作中に見られる「Goldcrested Wren」をただ「Wren」と記すような文字の省略の例（癖）などから、シェイクスピア作品でミソサザイと記された鳥のすべてがミソサザイを意味していたわけではなく、実際にはキクイタダキのイメージをもとに書かれたものもあったはずだ、という声があることも追記しておきたい（『鳥と文学とエッセイと』）。

ところで日本語では、ほんのわずかなことを「雀の涙」という。シェイクスピア作品の中にも、「ミソサザイの涙」という表現があった。スズメよりも小さな鳥なので、ある意味、理にかなったものではある。

この表現が見られたのは、『シンベリン』の中で「ミソサザイの涙ほどのあわれみが残っておりますなら……」とイモージェンが嘆くシーン。「ミソサザイの涙」は英語としての定番表現ではないが、近いイマジネーションが生んだ言葉として、とても興味深く感じられる。

殺されたミソサザイ

古代ケルト人の信仰を司っていたケルトの聖職者、ドルイド。ミソサザイはその聖鳥とされた。また、ミソサザイはケルトでも「鳥の王」とされ、神聖な目で見られた。一方でケルト社会では、ミソサザイは生贄《いけにえ》に最適な鳥とも考えられた。ミソサザイが旧年の魂を宿し、ヨーロッパコマドリが新年の魂を宿しているという伝説があり、新年を迎える際にはミソサザイを殺して魂を奪う必要があるとも考えられたのだ。

古代の西ヨーロッパにおいて、聖別された生き物の命を奪うことは重要なことと考えられたようだ。ケルト人の「ミソサザイ狩り」には、そういった面もあったらしい。そうした儀礼にはどこか、アイヌの人々がヒグマやシマフクロウなどを殺し、その魂（カムイ）を神々のもとに送り返すための儀礼として行われた「イオマンテ」との近さも感じられる。

　こうした思想から、藪の中からミソサザイを追い出し、捕まえて殺す慣習が生まれた。ミソサザイの羽毛は幸運をもたらし、魔除けになると考えられたことから、集落の家々をまわって羽毛を渡し、御祝儀をもらう行事が慣例としてあったともいわれる。

「聖ステファノの日」と呼ばれる十二月二十六日は別名、「ミソサザイの日」。キリスト教が入ってきた際、もともとあったケルトの慣習が伝道師によって都合よく利用された結果、十二月二十六日に徹底してミソサザイが虐殺されるようになった。

「ドルイドの聖鳥」としてケルト人が敬っていたミソサザイをみずからの手で殺させることにより、社会に強い影響力をもっていたドルイドの権威を堕したいという意図がそこにはあったといわれる。

　なぜ、人間の都合で殺されなければならない？　いいかげんにしろ！　そんなミソサザイの声が聞こえてくるようだ。

「聖ステファノ」を祝う祭は今も続いているものの、生きた鳥を殺さなくなった今日、ミソサザイたちはやっと安堵し、胸をなでおろしているにちがいない。

ミソサザイとコマドリの接点

小さく、丸く、よい声でさえずる。尾を上げる姿もよく見る。そんなことからヨーロッパでは、コマドリとミソサザイは近い間柄と思われ、「ミソサザイの一族」と考えられていた。

とくに中世までのイギリスには「ミソサザイはコマドリの妻」という認識があり、マザーグースなどにも関連した詩を見る。今でもミソサザイが、ときに「Jenny Wren」という女性名で呼ばれるのは、その名残である。

第10章　ウズラ

1　ウズラという鳥のイメージ

鶉月

「皐月《さつき》」が旧暦五月を意味したことは、よく知られている。「早苗」を植える月、「早苗月《さなえづき》」が由来で、それが短縮されて「さつき」になった。

サツキは五月ころに咲くツツジ科の花の名でもある。五月には「菖蒲月《あやめづき》」という異称もあるが、こちらもこの季節の花が由来となっていた。では、「鶉月《しゅんげつ》」という呼称はご存じだろうか。

「鶉月」もまた、旧暦五月の異称とされる。「じゅんげつ」とも読む。

旧仮名遣いでは、うづらづき、と書いた。地面を歩く小さなウズラの姿を思い浮かべ、ついつい微笑んでしまうような、ほのぼのとした名の響き。調べても由来はよくわからなかったが、なぜか印象が深く、その呼び方を知ったときから、五月は「鶉月」と強く意識に刷り込まれてしまった。五月になると、ウズラの丸さと、その羽毛の柄が自然に脳裏に浮かぶほどに。

「いんげん豆」の一種に「うずらまめ（鶉豆）」という品種がある。煮豆や甘納豆の原料とされる豆で、淡い褐色の丸い表皮に赤紫色の斑紋がある種子が「ウズラの卵」を連想させたことがその名の由来となった。

このように、ウズラから名をもらったものは世の中にいろいろあるが、継《つ》ぎ接《は》ぎの粗末な着物が「鶉衣《うずらごろも》」と呼ばれたことは、ウズラに対して少々、失礼だとも感じている。ウズラの羽毛はある種の舞台衣装のようでもあり、過美にならない「美」をもっていると常々思っている。

うずらまめ。

ウズラとは？

そんなウズラ。ウズラは国内最小のキジ目の鳥として知られるが、同時にウズラ類全体を指す名称でもあった。そうしたことからウズラ類の多くが、生息する土地で「ウズラ」と呼ばれた。主神ゼウスがウズラに変身し、人妻のレトに近づいた話がギリシア神話にはある。このエピソードでウズラと呼ばれた鳥は、日本で見られる「ウズラ（Japanese Quail／ニホンウズラ）」とは別種の「ヨーロッパウズラ（Common Quail）」である。よく似ているため、両者は亜種の関係にあると考えられた時期もあったが、現在は別種であることが確認されている。

『うずらのロバート』（マーガレット・A・ステンジャー著）など、アメリカ文学にもウズラは登場する。だが、アメリカ中東部からメキシコにかけて分布するこの鳥は、ユーラシアやオセアニアのウズラとは科も異なる、ナンベイウズラ科のコリンウズラ（Bobwhite Quail）である。

ニホンウズラ、ヨーロッパウズラのほか、ヒメウズラやオーストラリアウズラ、ヤクシャウズラ、ムナグロウズラなどが、「ウズラグループ」の中核にあたる「ウズラ属」に分類されている。

毛利梅園が描いた図譜『梅園禽譜』に掲載されたウズラ。ウズラの名は、「叢（くさむら）に『うずくまる』もの」からきているという説が有力である。ウズラの仲間は季節移動（渡り）をするものも多いが、日本のウズラは漂鳥として国内を移動する。国立国会図書館収蔵

北米に分布するナンベイウズラ科コリンウズラ属のコリンウズラ。

かつてはニュージーランドにも固有種のニュージーランドウズラが生息していたが、絶滅してしまい、今は見ることができない。とても残念である。

コリンウズラや、ヌマウズラ属のヌマウズラなども、広い意味でウズラの仲間とされる。一方で、ウズラとは縁遠い存在にもかかわらず、姿が似ていたため、はからずも「ウズラ」の名前がつけられてしまった鳥もいた。「ミフウズラ（三斑鶉）」などがそうだ。

かつてはツル目に分類されていたミフウズラだが、実際にはチドリ目ミフウズラ科の鳥で、カモメの仲間がチドリ目の中で分岐した際、そのグループからいちばん最初に分かれた集団に属すると考えられている。江戸時代には、生息地である琉球などから輸入され、江戸でも知られた鳥となっていた。

ウズラの飼育

人類の歴史の初期から、ウズラもほかの鳥類とおなじように狩猟の対象となり、長く食料とされてきた。日本でも、キジと並んでウズラが狩猟の対象になっていたことを示す歌が『万葉集』などに残っている。

野生のウズラを食料とすることは近世・近代まで続き、江戸時代に生きた滝沢馬琴の日記にも、ウズラ肉の塩漬けをもらった旨の記述があった。

愛玩の歴史も古く、ウズラの飼育は紀元前のギリシア・ローマ時代にまで遡る。ただし、ギリシア・ローマ時代は、ウズラどうしを戦わせる闘鶉《とうじゅん》を目的に飼育されたものも多く、純粋に愛玩されたウズラは少なかったかもしれないという指摘もある。

日本におけるウズラの飼育は、室町時代に武士が愛玩を目的に飼い始めたのがおこりとされる。江戸時代以前に籠によるウズラの飼養が始まっていたことを示す史料としては、戦国時代の公家である山科言継《やましなときつぐ》の日記、『言継卿記《ときつぐきょうき》』の永禄七年（一五六四年）の記述、「甲斐守久宗参り鶉籠仕《つかまつ》り了《おわ》んぬ」を挙げることができる。

入手しやすく飼いやすかったこともあり、江戸時代の初期にはウズラの飼育人口が大きく増加。愛好者のニーズに応えるかたちで、よい鳥に育てるための指南書『鶉書《うずらのしょ》』（蘇生堂主人、慶安二年／一六四九年）も書かれた。

特定の鳥種に限定した専門飼育書としては、おそらくこれが日本初となる。『鶉書』では、よい鳥の選び方から病気の対処法まで、問答方式（Q&A方式）で解説が行われていた。

波はあったものの、ウズラの飼育は幕末まで途切れずに続いた。シーボルトが記した『江戸参府紀行』によれば、日本に滞在したシーボルトも、文政九年（一八二六年）に長崎から江戸に向かう途中、現在の静岡市付近で何軒もの民家の軒にウズラが入った小籠が吊るされているのを見ている。ほかの史料にも同様の記述があることから、江戸時代には、ウズラ飼育が庶民層にまで広まっていたことがわかる。

ウズラは鳴き声の質によって小判一、二枚の価値をもつとシーボルトは解説した。また同書には、剝製にするため、声はよくないが羽毛がきれいなウズラを安く買ったとも綴られていた。美麗なウズラは、声のよいウズラよりも価値が低かったことがここからもわかる。

江戸時代の中盤以降は、庶民から大名まで、ブームと呼ばれるほどにさまざまな鳥が飼育されており、裕福な層に向けて、海外からの鳥の輸入も盛んに行われた。その中には外国産のウズラが含まれていて、輸入されたヒメウズラやヌマウズラの絵も残っている。ウズラに似たミフウズラが輸入されたのも、こうしたブームの影響だった。

日本におけるウズラの家禽化は二段階で行われた。最初は武士による愛玩のための家禽化で、室町時代。こうした経緯で誕生し、江戸時代に大きく数を増やした愛玩ウズラを、採卵目的で改良したのが大正時代。これが第二弾の品種改良となった。

アメリカは北米産のウズラを家禽化したが、現在のイギリスで、採卵用および肉を採る目的で飼育されているのは、かつて日本から輸入された家禽化ニホンウズラである。

2　ウズラを飼う楽しみ

鶉《うずら》合《あわせ》

江戸では、ウグイスなどの鳴禽の声を競う「鳥合《とりあわせ》」が行われていたが、同様に、ウズラの声を競わせる大会「鶉合」も行われた。美麗なウズラの声を聞くことを純粋に楽しんだ人間がいた一方で、鶉合は賭けの対象にもなったことから、勝敗の結果に一喜一憂もした。勝てるウズラが高値で取り引きされたことはいうまでもない。いわゆる鳴禽ではないため、ウズラはさえずりを学習できない。そうした回路はウズラの脳内には存在しないからだ。つまり、鶉合で勝てるかどうかは遺伝、血統に左右される。声のよいウズラは育てるのではなく、探し出す必要があった。

いちばん簡単な方法は、「よい声」と認定された鳥を買い取るか、その子を手に入れること。そうして手に入れたウズラを鶉合に出場させて優勝すれば、その鳥には高い価値がついた。さらに繁殖にも成功すれば、儲けはさらに増える。だからこそ、声のよいウズラに買い手が殺到した。

こうした鶉合は江戸時代の始まりか、それ以前から行われていたらしい。文政十三年（一八三〇年）発刊の『嬉遊笑覧《きゆうしょうらん》』（喜多村筠庭）には、「慶長より寛永の頃鶉合大《おおい》に行はれし事、其ころの草子どもに往々見えたり」とある。

慶長は一五九六年に始まり、寛永は一六四四年に終わる。鶉合は、五十年にもわたって続いていて、先に紹介したウズラの飼育書『鶉書』は、そうしたブームを受けて書かれたことがわかる。

飼育書『喚子鳥』に掲載された「ウズラ籠」のイラスト。

『鶉書』の発行からおよそ百年後、ウズラはあらためてブームとなる。明和・安永年間（一七六四〜一七八〇年）に、鶉合がふたたび大流行したことが『嬉遊笑覧』に紹介されている。

以前の鶉合は庶民層が中心だったが、江戸中期になると、大名や旗本など、社会の上層の者たちも競うようにして声のよいウズラを飼いだしたようだ。「鳥籠は金銀を鏤《ちりば》め唐木《とうぼく》象牙《ぞうげ》螺鈿《らでん》高蒔絵《たかまきえ》にて」とあり、資金力のある者のウズラは豪華絢爛な鳥籠で飼育されたことがうかがえる。

前ページに掲載したのは、江戸時代の飼育書、『喚子鳥《よぶこどり》』に掲載された、ウズラを飼うための一般的な鳥籠、「ウズラ籠」の絵である。驚いたウズラは垂直に飛び上がる習性があり、狭いふつうの鳥籠では頭を打って脳を損傷したり、頸椎を折るなどして死亡する例が多発した。そのため、多くのウズラが飼育されるようになると、編まれた繊維により上部をメッシュ（網の目）にした専門の「ウズラ籠」が考案された。このような籠が浸透したのちは、飼育下での死亡事故が大きく減ったといわれる。

巾着鶉《きんちゃくうずら》

いつの時代にも、愛着のあるペット、優れた資質をもったペットを連れ歩いて、友人・知人に見せて自慢したいと思う人がいる。江戸時代のウズラ愛好家の中にも、そんな人間がいた。よく馴れた声のよいウズラを巾着袋に入れ、腰にぶら下げて市中を連れ歩き、座敷などにおいて人々の前で巾着から出す。すると、急に明るい場所に出されたウズラは声を張り上げて鳴く。

このような訓練がされたウズラは「巾着鶉」と呼ばれた。これもまた、日本独特のウズラの飼育文化である。

残念なのは、江戸時代の終焉とともによい声で鳴くウズラの血統が完全に途絶えてしまったこと。江戸の「啼《な》き鶉《うずら》」はどんな声で鳴いたのだろう。今となってはわからない。その声が聞けないことが悔しくてかなわない。

闘鶉《とうじゅん》

キジ目キジ科のオスは、ほぼ例外なく強い闘争本能をもっている。自身の子孫を残すためなら躊躇なく戦う。

ウズラはキジ科で最小の鳥だが、彼らの小さな体の中にもキジ科の本能が生きていた。そんな習性を利用したのが、ニワトリの闘鶏のようにウズラどうしを戦わせる「闘鶉」だった。

その歴史はギリシア・ローマ時代まで遡る。アテナイ（アテネ）などのポリスが全盛だったころにはすでに行われていたようだ。娯楽の一環として行われることが多かったが、戦いにおもむく戦士を鼓舞する目的で、若者にウズラの戦いを見せることも多かったといわれている。

なお、二十世紀初頭においても、イタリアの一部において闘鶉が行われていると、著者ハーティングは『シェイクスピアの鳥類学』で指摘している。ちなみに声で優劣を決めた日本では、現代にいたるまで闘鶉が行われた記録はない。

ウズラは日本人によって家禽化された鳥と世界で認識されているが、闘鶉のために飼い始めたのは中国人のほうが早いと一部で主張されることもある。中国では、少なくとも千年にわたって闘鶉が行われている。今から千年前の宋の時代に闘鶉目的の飼養が始まっていたことは事実である。

二〇一三年、イギリスの「ガーディアン」紙のウェブ版ほかで、アフガニスタンのパシュトゥーン族のあいだでも闘鶉と、その勝敗に対する賭けが行われていて、それは現在にいたるまで百年を超える伝統をもつ娯楽であることが動画つきで報道された。

こうした報道などから、闘鶉は過去のものではなく、現在も中国、イタリア、西アジアで行われる文化であることをあらためて実感することとなった。

なお、『嬉遊笑覧』には、「ウズラの声を競わせることは西土では行われておらず、ただ闘鶉が行われているのみ」とある。西土とは、広い意味では日本から見て西の国を指すが、狭い意味ではインドまたはインド以西を指す。中国以外にも闘鶉があるという情報にふれた喜多村筠庭が、あえて西土という言葉を使ったというのは、うがち過ぎだろうか。

第11章　ヒバリ

1　天高く舞う鳥

朝の鳥

晴れた日に、高い空で鳴く。急上昇し、急降下する。

春を告げる鳥。朝を告げる鳥。ヒバリにはそんなイメージがある。

「朝の鳥」というイメージがヨーロッパに深く浸透したのは、夜に鳴くナイチンゲールとの比較の中で、朝になると主役が交代したように鳴く鳥という印象が強まったためでもある。

ウグイスとヨナキウグイスの章でも紹介した、シェイクスピアの『ロミオとジュリエット』のジュリエットの科白が、夜から朝への時間の流れの中でのヒバリとナイチンゲールの立ち位置の変化と、それを受けとめる人間の心を上手く表わしている。

ふたりが一夜をともにした朝。鳥の声が聞こえた。それはヒバリの声。朝を告げるもの。だがジュリエットは、「ヒバリじゃない。あれはナイチンゲール」と言い張る。

言葉の背景にあるのは、「行かないで、ロミオ。そばにいて」という気持ち。夜を象徴するナイチンゲールが鳴いているから、まだ朝ではないと懸命に主張する。ヨーロッパに暮らす人なら、ふたりの会話だけで、季節と時刻が鮮明にわかるはずだ。

ヒバリが鳴きだす時刻が朝。それは、「小羊とともに寝て、ヒバリとともに起きよ」という、早寝早起きを奨励するイギリスのことわざにも示されている。

朝のヒバリにふれたシェイクスピア作品の例としては、『じゃじゃ馬ならし』の中、鷹狩りに関連した会話の中に、「夜明けのヒバリよりも高く飛び上がるタカの用意がございます」という科白があることも紹介しておこう。このほか、『夏の夜の夢』でも、「朝の先触れ」としてヒバリの声にふれている。

ヒバリの和歌

ヒバリが朝の鳥であることを示す文学作品は日本にはあまり多くないが、ヒバリ

> Go to bed with the lamb, and rise with the lark.
> （小羊とともに寝て、ヒバリとともに起きよ。）

を詠んだ和歌がわずか三首しかない『万葉集』の歌のひとつが「朝」にふれていた。

「朝なさなあがるひばりになりてしか　都に行きてはや帰りこむ」（安倍沙弥麻呂《さみまろ》）

毎朝高く舞い上がるヒバリになりたい。そうしたら都に行ってすぐに戻ってこられるのに――。

訳すと、歌はこうした意味になる。日本においても、ヒバリは朝になると飛び、さえずるイメージがあり、そうした認識の中で詠まれた歌と解釈できる。

このとき安倍沙弥麻呂は、港から船で太宰府に向かう防人《さきもり》たちを管理する者、勅旨《ちょくし》を伝達する役人として難波にいた。防人の鼓舞もその役目であり、太宰府まで防人たちに同行することも決まっていた。できれば早く都に戻りたいがそれは許されない。そんな気持ちを詠んだ歌だった。

沙弥麻呂が置かれていた状況がわかると、歌にこめた気持ちがより鮮明に伝わってくる。

式典に同席していた兵部省の役人である大伴家持が、沙弥麻呂に向かって返歌的に詠んだ歌も残っている。

「雲雀《ひばり》あがる春べとさやになりぬれば　都も見えず霞たなびく」

天に揚がるヒバリを目にする季節。すっかり春になりました。都のある方角には霞がたなびいていて、おぼろげですね――。

歌はこのような意味となる。千三百年前の日本では、「ヒバリ＝春」という図式も、すでにできあがっていたことがわかる。

ただ、少しだけ気になったのが大伴家持の態度だ。都への郷愁の念が強まっている相手に対し、「都はもう春だね」とわざわざ口にするところに、「自分はこのまま都に帰るけどね」という優越的な気持ちが見え隠れするようで、少しばかりの悪意も感じられた気がした。もしかしたらそれは、よく知った相手に対する家持なりの励ましだったのかもしれないが、ヒバリがもつ爽やかなイメージとは隔たりのある、少し引っかかりをおぼえる歌にも思えた。

ヒバリは空に揚がる

春になると空高く舞い上がり、よく響く声で鳴く鳥。人々の心にあるイメージが、世の東西でヒバリの名前に反映されていた。

英名は「Skylark」。「Eurasian Skylark」とも綴られる。もともと鳥は空を飛ぶ生き物だが、ヒバリの英名にはわざわざ「sky」がつけられている。「lark」は、英語と深い関わりをもつ古ノルド語の「遊ぶ」に由来し、「Skylark」には「空で遊ぶ鳥」という意味があったとされる。人々が見て感じた印象が、この鳥の名前になったことがわかる。

日本では奈良時代から「ひばり」の名で呼ばれ、「比波里」「比婆里」などと記された。晴れた日に天高く揚がってさえずるところから「日晴《ひばり》」と呼ばれるようになったという説が有力である。

儒学者で本草学者の貝原益軒や新井白石もこの説を支持していた。

ヒバリは「告天子《こうてんし》」や「叫天子《きょうてんし》」とも呼ばれたが、告天子はもともと中国に生息するヒバリ科の鳥の名称で、この鳥にはヒバリのような冠羽がない。

ヒバリ。江戸時代の本草画には、よく観察し、しっかり描かれているものも多い。『梅園禽譜』より。国立国会図書館収蔵

また、江戸時代の図譜には「叫天子」と記された鳥も掲載されていたが、こちらは広くユーラシアに分布する、豊かな冠羽をもつカンムリヒバリ。カンムリヒバリも日本には生息していない鳥である。

漢字表記の「雲雀」は、「雲に届くほど高く揚がるスズメに似た鳥」というところから来ている。調査によれば、百メートルほどの高さまで上がることもあるという。雲に届くほどではないが、身近な小鳥たちと比べると、その飛翔はかなり高いと実感する。

期待と願いをこめて、打ち上げが決まった日本の小惑星探査機が「はやぶさ」と名づけられたことは記憶に新しいが、一九六二年にカナダが初の人工衛星を打ち上げた際には、「天まで届け」という願いをこめて「アルエット一号」の名がつけられた。「Alouette」はヒバリのフランス語名であり、ヒバリにあやかりたい

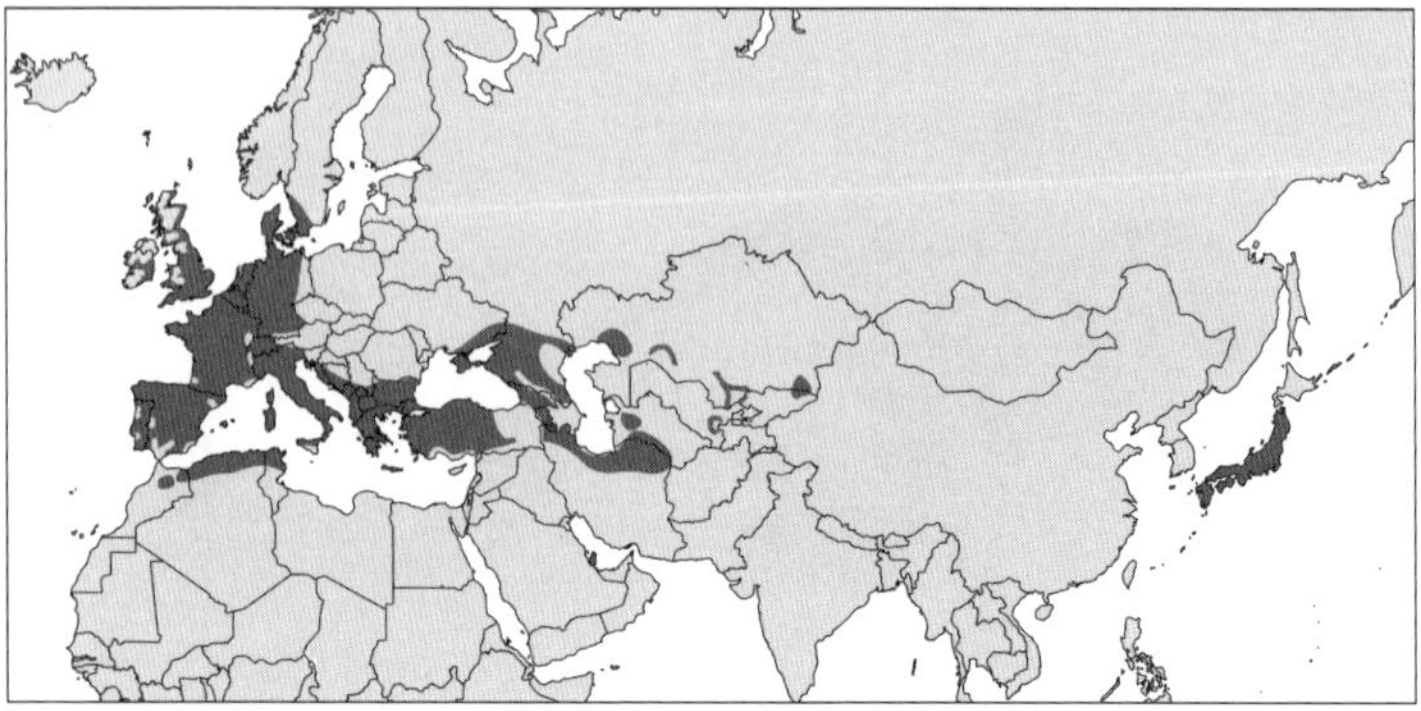

ヒバリは極地を除くユーラシアに広く分布する。留鳥として暮らすエリアに色をつけてみた。

という関係者の気持ちがよく伝わってくるネーミングだった。

ヒバリのプロフィール

スズメ目ヒバリ科のヒバリ。体長は十七センチメートルほどで、スズメよりもやや大きい。ユーラシアの広範囲に分布する。ヨーロッパのヒバリの多くは留鳥で、日本も同様だが、北海道の個体のみ食べ物が乏しくなる冬場は本州に移動している。ヒバリの繁殖地はユーラシアの高緯度地域にまで及ぶが、寒い地域で繁殖した鳥は秋には南に渡って越冬している。

ヒバリは草原や河原、畑や田の畦など、背の低い草がまばらに生えている開けた土地を好む。冠羽をもち、踵から下が長く、後趾の爪が際立って長いことなどが特徴である。地面に巣をつくり採餌も地上という地上性の鳥で、地面や枯れ草の中にいても目立たない地味な色をしている。

それでもオスは、空から地上に戻る際は巣から離れた場所に降り、少し遠回りしつつ、急ぎ足で巣に戻る。敵に巣の位置を知られないための工夫といわれる。こうした行動は古くから把握されているが、なぜ後趾の爪だけが長くなったのか、その理由は現在もわかっていない。

ヒバリはよくさえずる印象があるが、ほかの多くの鳴禽と同様、さえずるのはオスのみ。また冠羽はあるものの、冠羽を立てる様子が見られるのもオスのみである。

日本とヨーロッパのヒバリは亜種レベルで異なるが、同一種であることは変わりがなく、基本的な習性にちがいはない。

ヒバリが天高く揚がるわけ

ヒバリは春になると空高く飛んでさえずる。これにも、もちろん理由がある。

飛ぶのはオス。上空でさえずるのは、同種のオスに対するナワバリの宣言であり、メスに対しては「こんなによいナワバリをもっていますよ」というアピールとなる。

毎日飛ばないと、ほかのオスがこのナワバリに入り込むかもしれない。とにかく権利を主張するには、夜が明けると同時にさえずらないといけない。オスの心にはそんな脅迫的な観念もある。

シジュウカラなどは、電柱の高い場所や高い木の上でさえずる。それで十分なアピールができるが、ヒバリはそれでは満足しない。もともと地上での生活が中心で、電線などに止まる習慣があまりない。そしてヒバリは、飛びながらさえずることを苦にしない。

ヒバリは発声器官の鳴管が発達していて、気嚢と気道を使った共鳴の効果によって、トリルの効いた声を大きく響かせることができる。また、息を吐いているときだけでなく、吸っているときもふくめて、途切れることなく鳴管を鳴らし続けることができる。そうした身体的な特徴により、飛びつつも長くさえずりを続けることができるようになっている。

また、長く、リズミカルにさえずりを続けられるのが「優れたオス」の証であり、より高速な飛翔ができ、より高く昇り、より長くさえずるオスをメスが選んできたことが、ヒバリを今のヒバリにしたともいえる。

ヒバリはナワバリを維持しようとするがゆえに春によく鳴く。高い空で鳴くから、よく耳にも届く。しかし、メスが卵を産み、抱いて雛を孵すと、そこまで必死に鳴く必要はなくなる。

そのため、自身の巣のあるエリアの上空は監視の目的もあって飛ぶが、ひとしきり確認し、問題がないことを確認すると、地上に降りて、地面の小高い場所で鳴いたりもする。ヒバリが地上でもよく鳴くようになると、育雛が進んだと考えることができる。

飛翔を芸にした日本

鳥を飼うことが流行した江戸時代、ヒバリもまた飼い鳥として人気となった。

日本で行われた鳥の芸としてはヤマガラが有名だが、一部のヒバリも芸を教え込まれた。高い空でさえずる野生の習性をそのまま芸にしたもので、鳥籠の戸口を開けた状態で合図を送ると、籠の中にいたヒバリが勢いよく飛び出して上空高く舞い上がり、ひとしきりさえずったのち、急降下して自発的に籠に戻るというもの。ヒバリが空高く飛び上がることを「揚《あ》げ雲雀《ひばり》」と呼んだが、その名がそのまま芸の名称となった。

「揚げ雲雀」の例のように、ヒバリが空に飛び上がる際の表現には、しばしば「揚」の字が使われた。「上がる」も「揚がる」も一気に上を目指すイメージだが、「上がる」に対して「揚がる」には、上昇への意志と飛翔の力強さが感じられる印象があったためか、江戸時代の文献にも、「凧揚げ」が「揚げ」と記されたように、「上がる」ではなく「揚がる」と記されていた。

ただし、ヒバリに芸を教え込むことは難しく、根気もいったようで、飼育に慣れた者でも五〜七年という時間を必要とした。「揚げ雲雀」の訓練のしかたについては、鳥飼いの名人としても知られた比野勘六の飼育書『飼鳥必用』にも掲載されていたが、飼育者から聞き取った話として掲載されており、勘六自身はヒバリの訓練を行っていなかったようである。

ヒバリはゆっくりとは飛ばず、地面から、あるいは籠から飛ぶ際も全速力で上空を目指した。降りてくるときも急降下してくるのが常だった。「揚げ雲雀」に挑んだ飼育者は、こうしたヒバリのダイナミックさを楽しんだのだろう。それは人に見せる有料の芸としても価値があると考えられたようで、見世物小屋で「揚げ雲雀」が披露されることも

ヒバリを飼育するための専用の鳥籠。

あった。

2　音楽に反映されたイメージ

ヒバリを歌う作品の始まり

十一世紀末から十三世紀にヨーロッパを遍歴した吟遊詩人が、歌の中にナイチンゲールやヒバリを登場させている。「鳥」を歌う彼らの作品は、最古の文字記録として今に伝わっている。たとえば、南フランスのトルバドゥール、ベルナール・ド・ヴァンタドゥールには、「陽の光を浴びて雲雀が（Can vei la lauzeta mover）」という作品がある。

喜びに満ちた心で舞い上がり、満たされた心で降りてくる――。第一詩節には、ヒバリの挙動に関して、こうした言葉が見え、歌い手は、そんなヒバリをうらやむように歌う。歌い手の目には、ヒバリは愛に邁進する鳥と映る。いずれにしても、そこに「陰」の気配はまったくない。

ところで、先にも和歌を紹介した大伴家持には、もう一首、ヒバリについての歌があった。

「うらうらに照れる春日にひばりあがり　こころかなしもひとりしおもへば」

さえずるヒバリ。

この和歌は、「春のやわらかな日差しの中で飛ぶヒバリが幸福そうに見えて、自身の孤独をより深く感じさせる」という内容である。

ヴァンタドゥールと家持の作品に共通するのは、ヒバリという鳥が、見る者の心を映す「鏡」になっているという点だ。

ヒバリが高く舞い上がって鳴くのは、子孫を残し、命をつなげていくための行動であり、そこに「喜び」や「愛情」を見るのは、日本もフランスも変わらない。どちらもヒバリの幸福感を心に受けとめている。ヒバリ自体がもつ「陽」のイメージが揺らぐことはない。

トルバドゥールはヒバリへの共感を、自身の解釈とともにその声に乗せて歌った。幸福感を伝え、聴くものを喜ばせるために。

家持の孤独感は、ヒバリがとても幸福そうに見えるがゆえに、それと比較することで際立つ。「陽」のひばりがそこにいることで、自身の「陰」

がより深まるのを感じてしまうのだ。

この点においてトルバドゥールの歌は、表現者としてまっすぐに「外」に向けられている。

一方、家持はヒバリを鏡にして自分の「内面」と向きあう。それは家持に限られない、日本の和歌のひとつの表現のかたちでもあった。

ヒバリからイメージを得た音楽

ヨーロッパの音楽には、空でさえずるヒバリを題材にしたものも複数見られる。

ハイドンの弦楽四重奏曲第六十七番ニ長調、その第一楽章冒頭の旋律がヒバリのさえずりを想起させるということから『ひばり』の愛称がつけられた。チャイコフスキーがロシアの十二カ月をイメージし、ピアノ曲として書き上げた『四季』の三月にも「ひばりの歌」がある。

「聞け聞け、ひばり」の名で知られるシューベルトのセレナーデは、シェイクスピアの『シンベリン』の二幕三場からインスピレーションを得て生まれたものである。『シンベリン』の該当部分はこうだ。「お聞きなさいな。東の空のヒバリの歌を――」

二十世紀の前半を中心に活躍したイギリスの作曲家レイフ・ヴォーン・ウィリアムズは、ヒバリの飛翔する姿をモチーフに、ヴァイオリンとオーケストラのための作品として『舞い上がるひばり』（別名、『揚げひばり』）を書いた。この作品は現在も好んで演奏されている。

フランスの民謡の中のヒバリ

歌詞が興味深く、おもわず聞き入ってしまう楽曲もある。それはカナダのフランス語圏でつくられ、フランスに逆輸入されて十八世紀ごろから歌われるようになった、子供向け民謡の「ひばり（Alouette）」という曲だ。

メロディは陽気だが、「かわいいヒバリ」が子供の手で、頭から頬、目のまわり、首、背中、翼と、全身の羽毛が順番にむしられていくシュールな歌となっている。

簡潔にいうと、食材となるヒバリの羽毛をむしることを母親に命じられた子供が、いわれたとおりに作業をする歌、つまり「子供のお手伝い」の歌なのである。一家の夕食はジビエ料理で、その準備をしている歌と解釈できる。それがわかると、「なんとなく怖い」というイメージは消え、ほのぼのした気持ちも浮かんでくる。

3　民話や文学の中のヒバリ

作家、詩人が愛した鳥

ヨーロッパの詩や戯曲、寓話には、ときおりヒバリが登場する。ワーズワースをはじめとする詩人の多くの作品中にヒバリの名を見る。

古くは、イソップが「鳥捕り人とヒバリ」という物語を書いたほか、例にもあげたようにヒバリは『ロミオとジュリエット』、『夏の夜の夢』、『冬物語』ほか、多くのシェイクスピア作品でふれられている。このほか、ミルトンの『失楽園』や、チョーサーの『カンタベリー物語』の中にも、その名を見る。

詳しく解説すると多くのページが必要になるため、ここではタイトルの紹介に留めるが、ドイツの昔話の中にあるヒバリの話のみ、少しだけ紹介しておきたい。それはこんな話だ。

神様が不調であることに鳥たちは気づいた。神様の様子から、その喉が乾いていることを悟ったのがヒバリだった。ほとんどの鳥が、ただ心配を口にするだけで、なにもしようとしなかったなか、飛ぶ力も弱く、美しい声ももたなかったヒバリだけが、がんばって神様に水を届けた。

ヒバリがしてくれたことを喜んだ神様は、ヒバリに高い飛翔力と美しいさえずりを授けた。そのときからヒバリは天空高く舞い上がってさえずるようになったといわれている。

アイヌの神話の中のヒバリ

日本の民話やアイヌの神話にもヒバリは登場する。アイヌの人々は、ヒバリが急上昇し急降下する理由を物語にして説明した。

天上には神々が暮らす世界がある。天上の神は、地上に国をつくり、生き物をつくったとされる。天上の神は、国造りを任された神がしっかり仕事をまっとうしたかどうか確認する役目をヒバリに与えた。

だが、地上に降りたヒバリは世界の美しさに感動し、使命を忘れて飛び回った。その後ヒバリは天に戻ったものの、仕事が中途半端だったことを思い出すたびに地上に向かって急降下するようになったという。

これとは少し異なる話もある。与えられた職務を果たさなかったことで神は怒り、ヒバリが天に戻ることを禁じたというもの。

天に戻してほしいと、どんなにヒバリが懇願しても神は聞き入れない。そのため、ヒバリはいつか天に戻れる日がくることを信じ、夏がくると毎日、できるだけ高く飛ぶ努力を繰り返しているのだという。だが、その願いはいまだに聞き入れられてはいない――。

ヒバリの行動を、アイヌの神話はこんなふうに説明していた。

語られた日本の民話

古い日本の民話にもヒバリが登場する話がある。

商売として金貸しをしていたヒバリに太陽が借金を頼みこんだ。「夏になったら返す」という約束のもと、ヒバリは太陽に金を貸す。だが太陽は、約束の夏になっても借金を返そうとしない。ヒバリがいくら請求しても、知らぬ存ぜぬという態度で、のらりくらりとかわす。

それどころか日差しを強くして、ヒバリを追い払ったりもした。秋になっても、冬になっても、太陽は借りた金を返そうとはしなかった。そして、とうとう一年が過ぎ、また春になった。

春、ヒバリが空の高みに上がって声を張り上げて鳴くのは、借金を踏み倒す気が満々の太陽に向かって「金返せ！」と怒鳴っているのだという。それが、『ヒバリとお日様』というタイトルで語り継がれた昔話である。

この話をもとに、シンガーソングライターの谷山浩子氏がつくったのが「雲雀」という曲だ。一九七八年に発表したアルバム、『もうひとりのアリス』の中に収録された一曲で、「空に昇っては　雲雀わめくよ　金返せ」とコミカルに歌いあげている。

たしかに、そんな話を聞かされると、上空のヒバリはさえずっているのではなく、力一杯「わめいて」いるように見えるからおもしろい。

第12章　トビとミサゴ

1　枠から外れた猛禽たち

トビの食性と分布

トビ（鳶／鵄）もミサゴ（鶚）も猛禽の一種だが、日本でも西洋でも、歴史の初期から「ワシタカ（鷲鷹）」の枠から少し外れた、独立した存在として認識されてきた。

それは食性など、基本的な性質が一般的な猛禽類とはちがっていたことが大きい。とくにトビは、人間の近くにいたことで行動がよく観察されて、さまざまなイメージができあがっていった。

私たちがふだん目にしている「トビ（Black Kite）」は、日本、中国から西アジア、ヨーロッパまでのユーラシアと、アフリカ、オセアニアに広く分布している。

少し高い場所で佇むトビ。

このうち日本や中国、インドのトビは留鳥だが、東アジア北部から中央アジア、ヨーロッパのトビは夏鳥で、冬は南アジアやアフリカなどの暖かい土地に移動する。

多くの猛禽は、鳥や獣などの生きた獲物を襲って食べる。だがトビは、動物の死体や陸《おか》に打ち上げられた魚、漁師の網からこぼれた魚などを好んで食べた。トビは、ハゲタカなどとおなじ死体処理屋、動物の死骸を食べる動物「スカベンジャー」の顔をもつ鳥なのだ。

多くの庭でニワトリが放し飼いにされていた時代は、親について歩くヒヨコを急降下してさらっていったり、畑のネズミや生まれたばかりの子猫を襲うこともあった。だが、そうした狩りはまれで、どちらかといえば死体など、動かない相手を中心にねらう鳥だった。

西ヨーロッパとアフリカ北西部に分布するのは、トビとは別種のアカトビ。肩や尾、腹など、全体が明るい茶色であることから「アカトビ（Red Kite）」の名がついた。アカトビは、屍肉も食べる一方で、生きた獲物もよく捕える。この点で、トビとは少し毛色がちがっている鳥である。

スペイン、フランス、ドイツなどで見かけるトビは、おもにアカトビ。シェイクスピア作品をはじめとする英文学によく登場するのもアカトビである。中世から近世にかけては、イギリスでもひんぱんに目にする鳥だったが、人間が意図的に排除した結果、一時期ほぼ絶滅状態となり、現在はウェールズとスコットランドを中心に数千羽が生息するのみである。

トビの英名は「kite」。よく耳にする名前だ。「カイト」と聞いて「凧」を思い浮かべる人もいるだろう。もしかしたら、鳥のトビよりも多いかもしれない。しかし、「カイト」と呼ばれる洋式の凧の名称は、羽ばたかずに風を受けて飛ぶアカトビの姿に由来する。つまり、鳥のkiteのほうが古いのである。

強く印象づけられた彼らが飛翔する姿から、英語圏では、「high as a kite（トビのように高く舞う）」という表現が日常でも使われている。とくに、気持ちや気分に対して用いられることが多いという。気持ちが大きく昂《たかぶ》っている状態に加えて、「薬（ドラッグ）でハイになっている状態」を示す際も使われる表現となっている。

飛翔するミサゴ。

ミサゴの姿

ミサゴも広く世界に分布し、文明が始まったころには各地で「魚を獲る鳥」と認識された。鳥や獣ではなく、「魚を専門とする特別な猛禽」。そうした印象ができあがっていった。一般に悪い印象はなかったが、日々、魚を——それも大きな魚を捕える姿を見て、危機感を高めた漁師はヨーロッパにおいて多かったようだ。

獲物の魚を運ぶミサゴ。サーファーのようだといわれることもある。

水面の上空から魚を探し、獲物を見つけると急降下。膝も踵もまっすぐ伸ばした両足を、嘴よりも前に突き出すようにして水中に飛び込み、両足の爪で獲物を鷲摑みにする。一瞬で水をはじく撥水性の高い羽毛と強力な飛翔力で、大きな魚も軽々とさらっていく。

また、飛翔の際は、空気抵抗を最小にするために、魚の頭を進行方向に向けるよう持ち替えて飛び去っていく。その姿は、〝波乗りをするサーファー〟のようだともいわれる。

そんなミサゴの足の指（趾）の表面はギザギザ、ザラザラしている。これは魚を獲るための特殊進化の結果である。爪をかければ鳥や獣はそれほど滑らないが、ぬるぬるした魚は滑る。そんな魚を落とさないように趾の皮膚表面が「滑り止め」になるように変化した。

また、一般の鳥とおなじように猛禽類の趾も前が三

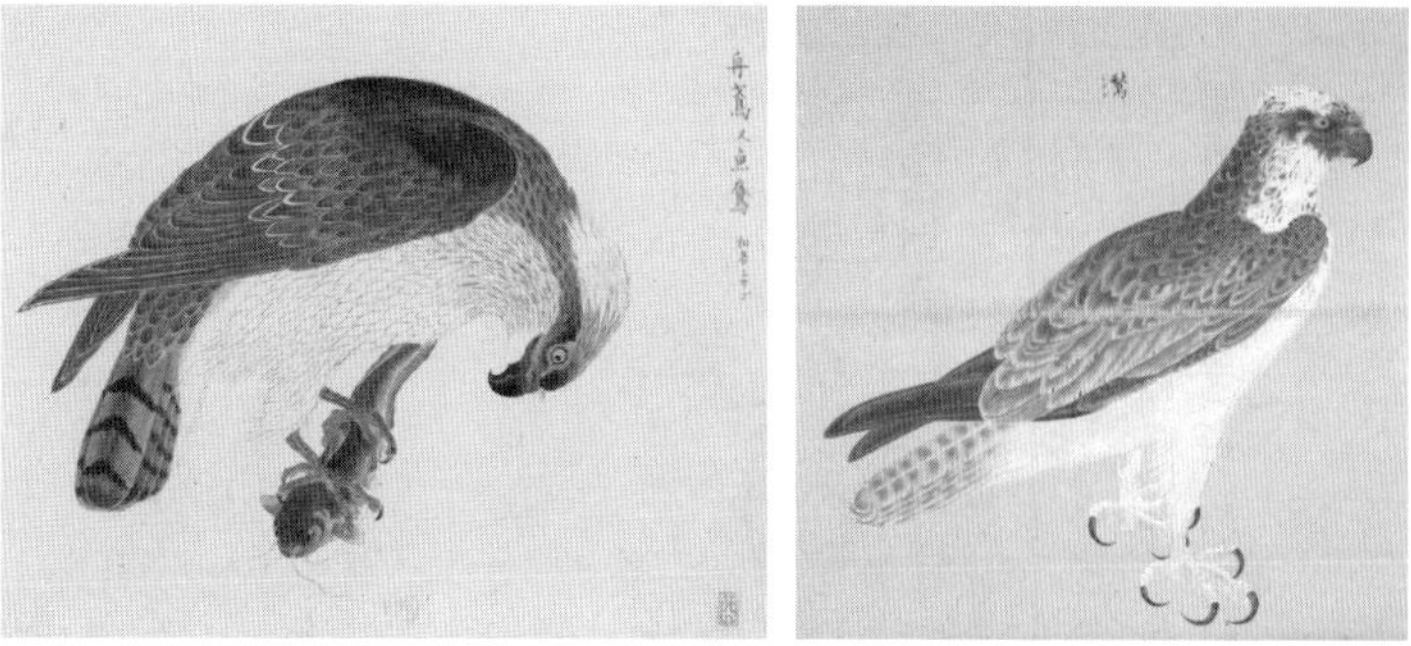

毛利梅園『梅園禽譜』（左）と細川重賢『鳥類図譜』（右）。素のときと獲物を摑むときで趾の配置が変わることが、この二枚の絵からもわかる。国立国会図書館収蔵

本、後ろが一本という構造になっているが、ミサゴは人間でいう薬指にあたる前方のいちばん外側の指が前から後ろに百八十度動く。これは、「可変対趾足《かへんたいしそく》」と呼ばれる。

つかみにくい獲物も、前後が二本ずつの「対趾足」のような形状に意図的に動かすことで、強力なグリップが可能になる。こうした趾により、大きく重く滑りやすい魚も落とさずに運ぶことができるようになっている。

なお、特殊進化は趾にとどまらず、鼻孔にも見られる。鼻には閉じられる弁があり、水に飛び込む際は鼻腔に水が入らないしくみになっている。そのおかげでミサゴは高速を維持しながら、勢いよく水に飛び込むことができる。これもまた、一般の鳥がもたない優れた特長である。

ミサゴは『日本書紀』では「覚賀鳥《かくがのとり》」と記されていた。一般に知られる「ミサゴ」という和名の由来は、水中で獲物をさぐる「水深《みさご》」からきているという説が一般的である。ミサゴの名に対して「水沙児」という当て字がされることもあったが、「水沙」には水際の意味もあり、生息する土地も含めてミサゴの本質を上手く表現する美しい字面と感

じている。なお、ミサゴの英名は、垂直離着陸機の名称として有名になった「Osprey《オスプレイ》」である。江戸時代、ミサゴは「いそわし（磯鷲）」とも呼ばれたが、加えてトビも「いそわし」と呼ぶ地域があったようだ。おそらく、どちらもよく魚を食べていたからだろう。寺島良安の『和《わ》漢《かん》三《さん》才《さい》図《ず》会《え》』（正徳三年／一七一三序）には、ミサゴの別称として「魚鷹《ぎょよう》」という名も見える。

アカトビとミサゴの受難

人間に害をなす鳥獣は絶滅させることになってもしかたがない――。そういう思考が、かつてのヨーロッパにはあった。

トビと同様、アカトビも、人間が町をつくって暮らし始めたころから人間の近くにいた。捨てられた獣や魚の内臓など、人間の近くには豊富な食料があったためだ。人間はそれを自由に食べさせた。アカトビが食べてくれることで、人間がゴミを処分する必要がなくなり、自動的に町の衛生が保たれたことが大きく影響している。それは、ある種の共生でもあった。

だが、近代にいたる過程で、家畜を襲うかもしれないという不安から、イギリス人はアカトビを駆除するようになる。アカトビは、ウサギやネズミなどを獲物とするふつうの猛禽でもあったからだ。

絶滅こそ免れたものの、アカトビは二十世紀の初頭には、ウェールズにわずかな数を残すだけとなった。

慌てて保護しようとしたが、なかなか数は増えない。巣材にするために干されていた女性の下着が盗まれても、アカトビ復活のためならやむをえないとがまんした逸話も残っている。保護の政策が成功し、数を大きく増やすことに成功したのは二十世紀も終わりに近づいたころだった。

漁業関係者から敵と認定されたミサゴも、ヨーロッパの海に面する国々で駆除の対象となった。アイルランドとイギリスではとくに苛烈で、アイルランドでは十九世紀の前半に、イングランドでも同時期に絶滅状態になり、最後に残ったスコットランドでは一九一六年までにまったく姿が見られなくなっていた。スコットランドでふたたび営巣が確認されるようになったのは、二十世紀の半ばを過ぎてからである。

日本のミサゴは留鳥だが、ヨーロッパのミサゴは渡りをする鳥で、地中海沿岸に暮らす一部を除いて、冬はアフリカに渡る。それが幸いして、イギリス・スコットランドにも再飛来するようになった。ふたたびその姿が見られるようになって、ほっとしたイギリス人は多かったようだ。

アカトビもミサゴも、現在は保護された状態にあり、ゆっくり数を増やしている。

なお、イギリスのミサゴが置かれた状況は、獣医師であり児童文学作家でもあるジル・ルイスの『ミサゴのくる谷』などからも知ることができる。子供向けの本ではあるが、現在のリアルが伝わってくる良書である。

2　神話の中のトビとミサゴ

トビとミサゴの描かれかた

トビはギリシア神話のほか、エジプト神話、日本神話にも登場する。だが、それぞれの神話において、向けられた目も、描かれかたも、まったく異なっていた。

ギリシア神話でトビが登場する話は、英雄や神々の活躍を綴った物語の中軸から外れた場所にあったため、神々の物語を中心とした書籍には載っていないことも多い。そのため、このエピソードを目にした方は、あまりいないかもしれない。

あるところに、シデ（シーデー）という若い人間の女性がいた。自分に欲情し、追ってきた父親から逃れるために、シデは亡くなった母親の墓の前で自殺する。それを哀れんだ神々は、シデをザクロ（石榴）に変え、彼女に死をもたらした父親をトビに変えた。そんな物語となっている。

神話が語り継がれていたころのギリシアでは、「トビはザクロの木には絶対に止まらない（止まれない）」という俗信があったようで、それを下敷きに、神々は、二度と娘にふれることができないように、父親をトビに変化《へんげ》させたのだという。

ギリシア神話においてザクロの実は、死者の国の象徴でもあった。冥界に連れ去られたデメテルの娘のペルセポネは、冥界の王であるハデスの甘言にのせられてザクロを食べてしまったがゆえに冥界の住民となった。最終的にゼウスの裁量で、ペルセポネは年の半分は地上、残りの半分を地下の冥界で過ごすことになったといわれる。こちらはよく知られたエピソードである。

この話と関係があるかどうかはわからないが、ギリシア神話の中のトビにとって、ザクロはふれることのできない相手、禁忌の対象となっていたという。

なお、ギリシア神話にはミサゴと思しき鳥が登場する逸話もある。メガラ（アテナイの西北西にあった都市国家）の王ニソスの娘スキュラは、攻め込んできたクレタ王ミノスに恋をして父を裏切り、侵攻の手助けをする。この話の結末において、父と国を裏切り、結果的に父を殺した女としてスキュラは、「汚らわしい娘」とミノス王に罵られ、拒絶される。それでもあきらめきれずに泳いでミノス王の船を追いかけるスキュラを、父ニソスの化身である「海の鷲」が襲った。その鳥は、オジロワシともミサゴともいわれている。

古代エジプトには鳥の頭部をもつ神が複数いた。オシリスとイシスの息子である、天空神にして太陽神でもあるホルスはハヤブサの頭部をもっていた。生と死と豊穣を司る女神イシスは、背中にトビの翼をもつ女性の姿または、完全なトビの姿で描かれている。

日本神話の中のトビ

トビが物語において重要な役割を果たすのは日本神話である。

のちに初代の天皇となるカムヤマトイワレビコ（神武天皇）が、大和の地に向かう東征の最後に、最大の敵、トミノナガスネヒコが立ちふさがる。

苦戦する神武天皇のもとに飛来し、その弓の上端（末弭《うらはず》）に止まったのは金色のトビ（金鵄《きんし》）だった。金色のトビのまばゆさに目がくらみ、戦うことができなくなった敵を討ち滅ぼして神武天皇は勝利者となり、日本を治める者となった。

このトビは、天（高天原《たかまがはら》）がつかわした神の遣い、霊鳥であり、天がカムヤマトイワレビコの味方であることを示す存在でもあった。なお、このエピソードは『日本書紀』のみにあり、『古事記』には見られない。いずれにしても神がつかわした鳥として、トビに悪いイメージは一切ない。神話が語られた時代、トビもカラス（八咫烏《やたがらす》）と並ぶ神聖な存在と思われていたことを、このエピソードは示している。

3　日本におけるトビのイメージ

トビのイメージの深堀り

「鳶目兎耳《えんもくとじ》」（トビのようによく見える目をもち、ウサギのようによく聞こえる耳をもつ）という言葉もあるように、トビもまた、ほかのワシ・タカに匹敵する視力をもっている。だが、その能力を、おもに動かなくなったものを見つけることに費やしてきた。

タカの仲間なのに、あまり狩りをしない。孤高が似合う猛禽類であるにもかかわらず、群れる姿も見る。はるかな空の高みで輪を描きながら、緊張感の感じられない声で鳴く。カラスと食べ物をめぐって争うだけでなく、集団になったカラスに追いかけられることもある。動物の死体だけでなく、人間が捨てた生ゴミまで食べる。

そうした点に、眉をひそめる人間がいた。タカの仲間としての威厳が感じられないという声もあった。現代人だけでなく、平安時代や江戸時代の人間も近い印象をもっていたようだ。それはもっとも人間の近くで暮らし、観察された猛禽類だったがゆえの辛辣な評価ともいえた。

寺島良安の『和漢三才図会』には、「すべて鳶《とび》・鴉《からす》は害あって益なく、しかも多くいる鳥で、人に憎まれるものである」とまで書かれている。

少し遡ると、清少納言は『枕草子』で、「トビやカラスなどはどこにでもいる鳥なので、よく見ようとしたり声に耳を傾ける人はいない」と語る。ただし、このコメントは、自身やまわりの人々の関心の低さを示しているだけで、トビに対して、とりたてて悪い印象をもっているわけではないとも取れる。

時代が進む中、動物の死体だけでなく人肉も食べたことが、トビに対する印象をさらに悪化させることとなった。人間の子供の死体も、傷胎《しょうたい》（死産された胎児の遺体）も、トビからすればただの食料である。日本にはそうしたものを食べた記録が史実として残っているが、おそらく海外でも同様のことがあったのだろう。そうした行為を倫理的に許すことができず、嫌悪感を抱いた人間もいた。そして、トビは尊敬される猛禽類の枠外に落ちた。

とはいえ、人間をふくめた動物の死体を（食べて）処理をする者がいないと、あちこちで死体が腐ってしまい、場合によっては疫病の発生源にもなりかねない。カラスや肉食の哺乳類が少ない地域では、トビの腐肉食も歓迎されることだった。それも自然のうち、生態系の一部と考え、トビが保護された土地があったことも事実である。

一方、日本でトビが役に立たない鳥と見なされ、低い地位に置かれていたのは、鷹狩りに使うタカを猛禽の最上位とする考えがあったことも大きい。そこから、鷹狩りに使われない猛禽を下位の者と見下す傾向があった。

たとえばチョウゲンボウやノスリは、「屎鵄《くそとび》」など、ひどい別名でも呼ばれた。「鵄《とび》」がある種の蔑称だったことが、ここからもわかる。

ヨーロッパにおいても、トビの名は蔑称や悪口、さげすみの言葉として使われることがあったようだ。たとえばシェイクスピア作品の中に、いくつもそうした例文を見つけることができる。

イングランド王ヘンリー六世を描いた史劇『ヘンリー六世』には「腐肉を食べるトビの餌食」という科白があり、そうしたトビの習性を前提に、『リア王』ではオーバニ公に対してリア王が、「けがらわしいトビめ」と罵倒する場面もある（『シェイクスピアの鳥類学』）。

日本人の意識の中で、このような低い地位にあったトビ。そんなトビとイメージが重なるほどに世間から低く見られていた者の子が、他者を超えるような非凡な才能を示したなら、一般に驚くだろう。そうした人物を目にしたとき、「まさか」という驚きをこめて、「鳶が鷹を生んだ」と評したのも、江戸時代なら十分にありえたことと想像する。

なお、シェイクスピアはミサゴも作中に登場させている。しかし、トビとはちがって、その高い狩猟能力を認め、肯定的な評価になっていた。

名前と俗信、ことわざ

トビは奈良時代にその名が記されて以降、ずっと「トビ」と呼ばれてきた。今は「トンビ」とも呼ばれるが、この呼び名が生まれたのは江戸時代である。

トビの名の由来は「飛び」で、高く飛ぶ（翔ぶ）ところから来ていると考えられている。人見必大の『本朝食鑑』には、「天に戻るのかと思うほど高く翔《あまがけ》る」とある。しかしそのあとに、「だからといって貴いわけではない」という容赦のない一文もあった。ここからも、当時のトビに対する人々の評価が透けて見える。

同書には、「天気晴朗であると、廻舞長鳴し、空にとどき雲に入る」という文章があり、「早朝に鳴けば、雨が降り、風が吹く。夕日に鳴くときは、雨が降っても必ず晴れる。俚俗《せけん》ではこれで天気を卜《うらな》う」とも記されていた。この解説のように、天気に関するトビの俗信は日本の各地に存在した。「鳶が空に輪を描けば晴天の兆し」ということわざもそのひとつである。

トビの仲間は上昇気流を見つけるのが上手く、少ないエネルギー消費で（＝羽ばたきなしで）空の高みに昇る。大気の状態を見きわめるトビの様子を見て、先人たちは天気の予想をしてきた。トビをよく知る者がその飛翔を眺めることで、かなり正確にこの先の天気を予測できたのだろう。

トビの鳴き声は高い空にいるときによく聞く。『和漢三才図会』ではその声を「比井与呂与呂（ひいよろよろ）」と記している。日本人の耳には、いつの時代もおなじように聞こえていたことが、ここからもわかる。

この点でトビは、役立たずどころか有益な鳥だったといえる。

このほか、だれもが知る有名なことわざに、「鳶に油揚げをさらわれたよう」というものがある。予想していなかった相手に獲物をもっていかれたこと（横取りされたこと）を示すことわざだが、これは実際に起こったいくつもの出来事がもとになった「実話」でもある。

湘南では現在も、手に持つものをトビに盗られないように注意する看板が立てられている。

『和漢三才図会』のトビの解説にも、「人が手に持っている魚物や豆腐などを攫む」とある。お金を出して買ったばかりの食べ物など、手に持っていたものをトビにさらわれる事件が、江戸時代においてもたびたびあったということだろう。

4　トビと天狗の奇妙な関係

烏天狗はトビだった

神話では好印象だったトビの心象が大きく変化するのは、仏教が日本に浸透したのちである。トビは天狗と結びつく。初期の天狗は烏天狗のような姿をした、翼と鳥の頭部をもった存在として描かれた。だが、その頭部はカラスというよりもトビだった。そして天狗は、仏教や僧侶に対して悪意をもち、呪法を使う「仏敵」と位置づけられていた。もともと「天狗」というのは中国由来で、天から落ちてきた流星がまずあり、それが地上では狗《いぬ》のかたちをとるという解釈があった。天からきた狗、それゆえの「天狗」というネーミングである。

平安時代末期に成立した説話集、『今昔物語集』第二十巻の第一話から十二話には、天狗にまつわる話がまとめて掲載されていた。『今昔物語集』に登場する天狗の実態は、狗のフンのようなすさまじい悪臭を放つ存在で、それゆえに「屎鳶《くそとび》」とも表現されている。

文化誌的な研究アプローチでは、屎鳶はチョウゲンボウまたはノスリを意味するが、日本の古典作品の研究においては、「糞便臭いトビ」という解釈が一般的だったようである。

二十巻の十一話、「竜王為天狗被取語（りゅうおう、天狗のためにとらるること）」では、トビの姿になった天狗が、弘法大師がつくったとされる池に棲む、竜が変化した蛇をさらい、さらに比叡

描かれた烏天狗。月岡芳年筆。国際日本文化研究センター所蔵

山の僧までさらう。脱水で弱っていた蛇（竜）に、僧がもっていた水瓶の水を与えると、たちまちもとの竜の姿と力を取り戻し、僧とともに天狗の住み処から逃れることができた。

しかるのち、竜は報復として天狗を蹴り殺す。死した天狗は翼の折れた屎鳶となり、道を歩く人々に足蹴にされた。そんな話である。

ものをさらっていくというトビの習性が、この作中にも生かされていた。また、死んだ天狗は、その本性であるトビの姿に戻るということが明確に示されたエピソードでもあった。

先にも記したように、平安末期の天狗はトビの頭部と翼をもった、いわゆる「烏天狗」タイプの天狗（鳶天狗）である。また、この時代の天狗は、山伏のような服装もしていない。赤ら顔で鼻が長い、いわゆる天狗（鼻高天狗）はまだ存在していないのである。

トビと山伏が融合したタイプの烏天狗が登場するのは、『太平記』からといわれる。鎌倉時代以降は、翼をもたないものも含めた赤ら顔の人間型の天狗と、烏天狗タイプの天狗が主となっていくが、そうした姿に変化したのちも、「天狗の本性はトビである」という設定は、能や狂言などの作品の深い部分に残り続けていく。

第13章 ハクチョウ

1 白い大きな鳥

白い鳥のインパクト

白い大きな鳥。ハクチョウ。日本では、目で見た姿がそのまま鳥の名前となった。

白は目立つ。敵に見つかりやすい。だが、その鳥はあえて「白」を選んだように見えた。

威風堂々とした姿には、神々しささえ感じられた。世の東西を問わず、純白は高貴な色であり、その姿の中に純潔を見た。神話では、複数の神の「聖鳥」とされた。

ハクチョウ属の鳥は、わずか六種。四種が北半球に、二種が南半球に暮らす。

ひとつのエリアで見られるのは、だいたい二種。まれに三種。北半球の鳥は季節移動をする。

日本に飛来するのはオオハクチョウとコハクチョウ。ヨーロッパでは、コブハクチョウとオオハクチョウ。ヨーロッパの一部の土地には、コハクチョウもわずかに飛来した。

北アメリカではナキハクチョウとコハクチョウ。体格や嘴の配色が異なる北アメリカのコハクチョウは、ユーラシアのものと分けて、亜種から独立種に変えるべき、という意見もある。

オオハクチョウやコハクチョウが北極圏に近いエリアで繁殖し、温帯まで移動して越冬するのに対し、もっとも体重が重いコブハクチョウは短距離を渡るか、留鳥として特定の土地に留まる。長距離移動をしないのは、体に負担がかかるためと考えられている。いずれにしてもハクチョウ

オオハクチョウ。コハクチョウよりもやや大きい。

コハクチョウ。オオハクチョウよりも嘴の黄色い部分が少ない。

たちが、人間のまわりにいる飛翔する鳥の中で、最大クラスの鳥であることはまちがいない。

「ハクチョウ」という日本名が示すように、全身が白いことがハクチョウ属の特徴だが、全種が白いわけではない。十七世紀の半ばまで、黒いハクチョウの存在を信じる者はおらず、長いあいだ「blackswan」は「ありえないもの」の象徴だった。だが、黒いハクチョウは南半球に実在した。一部が黒いハクチョウも発見された。ありえないものが出現したことで、それまでの価値観は崩壊した。

コクチョウはオーストラリアの固有種。クロエリハクチョウは南アメリカ南部に生息する。かつてコクチョウはニュージーランドにも生息したが、すでに絶滅。現在ニュージーランドで見られるコクチョウは、オーストラリアから人間の手で移入された鳥たちだ。

オオハクチョウとコハクチョウが進化上近いことは知られているが、実はコブハクチョウはオオハクチョウなどとは遺伝子的に遠く、近縁なのは南半球のコクチョウやクロエリハクチョウであることが判明している。これは、ハクチョウ進化史の大きな謎とされる。コブハクチョウとコクチョウのあいだの交配も可能で、実際に雛を孵した例も報告されている。

ヨーロッパのハクチョウ

ヨーロッパの人々にとって、ハクチョウといえばコブハクチョウを指す。コブハクチョウは広くユーラシアに分布するが、生息の中心地はヨーロッパの中緯度地方。そのため、ヨーロッパの多くの国でその姿を見る。アンデルセンが生まれたデンマークでは、コブハクチョウが国鳥に制定されている。『みにくいアヒルの子』の主役は、コブハクチョウである。

夏・冬に渡りはするものの、ヨーロッパのコブハクチョウのほとんどがヨーロッパ内の狭い範囲内を移動するだけで、一年にわたって特定の土地で暮らす鳥も少なくない。つまり、ヨーロッパ人にとっては、よく見る、ありふれた鳥だった。ハクチョウといえばコブハクチョウという意識が人々のあいだで形成されたのも、それゆえである。

コブハクチョウは無口で、鳴くのは死を迎える瞬間だけと紀元前から信じられていた。彼らの英名「Mute Swan」は、こうしたイメージに由来する。だが、もちろん、コブハクチョウもまったく鳴かないわけではない。オオハクチョウなどに比べると声を出す頻度も声量も控え目ではあるが、仲間とのコミュニケーションなど、日常生活で必要な声はちゃんと出している。

オオハクチョウやナキハクチョウ、コハクチョウは、「気囊」という肺につながる呼吸のための補助器官と、ホルンのような長い気道を共鳴させて大きな声をつくり出しているが、コブハクチョウは十分な共鳴ができず、トランペットのような音が出せない。それが、鳴き声のちがいを生んでいた。

オオハクチョウの英名「Whooper Swan」は、コブハクチョウとの対比の中で生まれたものだ。コブハクチョウが「無言」を意味する「Mute Swan」であるのに対して、オオハクチョウの英名には「叫ぶハクチョウ」、「声の大きなハクチョウ」の意味があった。加えて、トランペットのような声で鳴く北アメリカのナキハクチョウの英名は、そのまま「Trumpeter Swan」となった。

なお、ヨーロッパ人の中に「ハクチョウは無口」と「ハクチョウは歌う」という相反するイメージが定着したのは、オオハクチョウとコブハクチョウが長く混同されてきたことも大きい。南ヨーロッパの人々は、オオハクチョウの鳴き声を直接聞くことも姿を目にすることも、ほとんどなかった。そうした状況の中で、「音楽的な声で鳴くハクチョウが北のほうにいるらしい」という美化された噂話だけが伝わった。こうした背景も誤解を深める要因となった。

北のフィンランドにとってオオハクチョウは国鳥にするほど身近な鳥だが、そうした国は例外的だったようだ。

ヨーロッパでもっとも身近なハクチョウといえばコブハクチョウ。

この二種以外に、イギリスなど、ヨーロッパ北部には、コハクチョウも少数が飛来する。コハクチョウの英名「Tundra Swan（ツンドラのハクチョウ）」は、オオハクチョウよりもさらに北、北極海に面したエリアで繁殖する鳥であることに由来する。なお、「Tundra Swan」はコハクチョウ全体の呼び名であり、亜種レベルで異なるアメリカのコハクチョウと分けて、英語圏では、ユーラシアに暮らすものを「Bewick's Swan」とも呼ぶ。その名は、博物学書『英国の鳥類史』の著者であり、版画家、イラストレーターでもあったトマス・ビーウィックに由来している。

「白鳥の歌」という文化

ハクチョウについてアリストテレスは、著書の『動物誌』に「よく歌う鳥であって、死期が近づくと特によく歌う」と記した。

「よく歌う」という点に関して、『シェイクスピアの鳥類学』の中で著者のハーティングは、「ハクチョウは、歌い鳥といわれているが、正確にいえば、《歌をさえずらない鳥》である。けれども、その鳴き声は低く、哀調を帯び、単調だが、心地よい調べだ」と綴っている。

この認識は正鵠《せいこく》を射ているように思う。たしかにハクチョウは鳴禽のような「歌」をもたないが、それでも声に豊かな感情を乗せることができる。とくにオオハクチョウの鳴き声は鳴禽のさえずりとは異なるものの、それはそれで耳に心地よいと感じる人間は多い。また、越冬地では、響く声で鳴く姿がよく見られる。それもまた事実である。

「死期が近づくと歌う」というもうひとつの特徴は、結論を先に言うなら伝説であり、長くヨーロッパの人々が信じてきた迷信だった。

シェイクスピアが『オセロー』で、エミリアに「あたしハクチョウのように、いまわの歌をうたいながら死んでいきます」という科白を語らせたのも、『ヴェニスの商人』や『ジョン王』の中で登場人物に同様の科白を語らせたのも、当時の人々が信じていた話をシェイクスピア自身も信じ込んでいたためである。

もちろん銃で撃たれた瞬間に声をあげるハクチョウはいる。実際にそうした報告もある。だが一般に、自身の死に際してハクチョウが鳴くことはほぼない。しかし、人々がそうした鳴くハクチョウの伝説を信じたことで、それが「真実」としてかたちをもってしまった。そして、偉人の最後の作品や辞世の句が、ヨーロッパの中で「白鳥の歌」と呼ばれるようになっていく。古代ギリシアの時代から、アイスキュロスやソクラテスなど、多くの詩人、哲学者が「白鳥の歌」を事実として語った。

オーランド・ギボンズのマドリガル『銀色《しろがね》の白鳥』やサン＝サーンスの『動物の謝肉祭』の中の『白鳥』など、「白鳥の歌」をテーマにした作品もつくられた。バレエの『瀕死の白鳥』はサン＝サーンスの『白鳥』をもとに振り付けが行われた作品である。

シューベルトの遺作をまとめた最後の歌曲集に『白鳥の歌』という題名がつけられたのも、人々が信じた事実があったからだ。歌曲集『白鳥の歌』は他者によって編集されたものだが、シューベルト自身もまた、『白鳥の歌』と題された曲を残している。

無駄な努力を示すことわざ

「黒いハクチョウなどいるはずがない」というのが古くからのヨーロッパの通念であり、「黒いハクチョウを探すことなど無意味」と考えられていた。そこから、

It’s the same as looking for a black swan.
（黒いハクチョウを探すようなものだ。＝無駄な努力）

コクチョウ。かつては存在しないと思われていた幻の鳥。オーストラリアの固有種だが、複数の国に移入されている。西オーストラリア州の州旗にはコクチョウが描かれている。

「無駄な努力」を意味するものとして、「黒いハクチョウを探すようなもの」ということわざが生まれた。

この世に存在しないものとして、「黒いハクチョウ」という表現を最初に使ったのは古代ローマの風刺詩人ユウェナリスである。以後ヨーロッパでは、千七百年にわたって使われ続けた。

だが一六九七年、オーストラリアで黒い羽毛のハクチョウ属、コクチョウ（Black Swan）が発見される。

黒いハクチョウ＝コクチョウは、すぐさま、ヨーロッパ人の知るところとなった。ありえないはずのブラックスワンが実在したことで、このことわざは無意味になり、死語となる。

そして「Black Swan」は、予想外の状況の到来を示す言葉に置き換わり、「自然災害を予測する際は想定外の事態もありうることを意識の中に留める必要がある」という警鐘などに使われることとなった。ブラックスワンの発見は、人間の意識にも変化・変革をもたらしたのである。

日本におけるハクチョウの古名

奈良時代にハクチョウは「くぐひ」、「くくひ」のほか、「しらとり」、「おおとり」とも呼ばれた。『古事記』、『日本書紀』には「鵠」の文字を見る。この字で「くくひ」と読ませた。

平安時代になると「こふ（こう）」や「こく」の呼び名が追加される。「こふ」や「こく」はハクチョウの鳴き声からつけられたと考えられているが、「鵠」の音読みでもある。

ものごとの急所を正確に突くことを意味する「正鵠《せいこく》を射る（正鵠を得る）」にも、ハクチョウを意味する漢字「鵠」が使われていた。「正鵠」は矢の的の中央にある白または黒の円のことで、「鵠」は「まと」とも読み、「的」の意味もあった。

なお、「しらとり」もハクチョウを意味する言葉ではあったが、古代においては大きな白い鳥をまとめて「しらとり」や「おおとり」と呼んでいたため、サギやツルなどを指す場合もあり、「白鳥／しらとり」と記されたすべてがハクチョウではなかったと考えられている。

ハクチョウが「はくてう」と呼ばれるようになったのは、安土桃山時代以降のこと。ただし、まだオオハクチョウとコハクチョウの区別はなく、まとめて「はくてう」と呼ばれていた。

江戸時代はまだオオハクチョウとコハクチョウの区別がなく、すべて「はくてう」と呼ばれた。『華鳥譜』より。国立国会図書館収蔵

江戸時代の幕府の鷹狩りの獲物にはハクチョウも含まれていた。当時、綾瀬川と隅田川が合流する地点の東側にあった隅田大堤の「丹頂の池」や、埋め立てられてしまった「溜池」など、江戸やその周囲にも複数のハクチョウの飛来地があったことが、『武江産物志《ぶこうさんぶつし》』など、当時の文献に記されている。

神奈川県の江ノ島の近くには「鵠沼《くげぬま》」という地名がある。かつて沼地だったこの場所でもハクチョウが見られたことが名の由来とされるが、関東には多くのハクチョウ飛来地があったことから、現在の鵠沼あたりにもハクチョウが飛来していた可能性は十分にある。

2　ハクチョウへの変身譚

変身譚のパターン

ハクチョウへの変身譚は、神話や伝説を中心に、多くの国において数えきれないほど存在する。変身譚を分類すると、次のようなパターンに分けることができる。

1. 神々がみずからの意思で変身する
2. 神々が神や人間をハクチョウの姿に変える

3. 神々が神や人間を星座（白鳥座）にする
4. 悪魔、魔女など、悪意をもつ者の魔法によって、人間がハクチョウの姿に変えられる
5. もともとハクチョウだったもの（ハクチョウあるいは天の世界の者）が人間になる、戻る
6. 死後にその遺体、または魂がハクチョウに変化《へんげ》する

神々が人間を、鳥や動物、昆虫、樹木、石などの無生物に変化させる話はギリシア神話の中に多く見られる。神々による変身は、「罰」と「恩恵」の二つに大別されるが、いずれのケースでも目につくのは鳥で、その種は、チドリ、サギ、ナイチンゲール、ゴシキヒワ、ハゲワシ、フクロウ、ヤマウズラ、ホロホロチョウ、ハシボソガラス、コクマルガラス、ヒバリ、カモメなど多岐にわたる。ただ、星座にしたケースを除き、ハクチョウはほとんど見られない。

ヨーロッパで多いのは、悪魔や魔女の悪意、害意によって人間がハクチョウの姿にされる例だ。それは、人間ではない生き物（＝低い存在）に「堕とされる」ことを意味した。そして、人間として生きる権利も剝奪される。ハクチョウにされるのは王族など身分の高い者が多く、平民が変身させられるのは、王族と生活をともにしている侍女などに限定されたようだ。

レダとハクチョウ

ギリシア神話の神々は、よく鳥に変化《へんげ》をする。なかでも主神のゼウスは、気に入った女性を手

レオナルド・ダ・ヴィンチ作の『レダと白鳥』（複製画）。

に入れるという邪《よこしま》な目的で鳥に変化することが多かった。その代表例とされるのが、ハクチョウになってスパルタの王妃レダと交わる話である。

鳥の姿で交わったことから、レダが産むのは卵。レダは二つの卵を産み、そのひとつからトロイア戦争の原因となった美女ヘレネと、ギリシアの将アガメムノンの妻となったクリユタイムネストラが生まれ、もう一方の卵からはカストルとポルックス（ポリュデウケス）の双子が生まれた。白鳥座の由来に関する物語は複数存在するが、双子座の由来は後者の双子である。

神や人間をハクチョウに変身させる話としては、ポセイドンの息子であるキュクノスを守るために、アポロンが彼をハクチョウに変えた話がある。キュクノスにはほかに、仲よくしていたアポロンの息子パエトンの死を悲しんでいるうちに、その体が自然にハクチョウに変化していった話もあった。

太陽神アポロンは、ギリシア神話の中でとくにハクチョウと縁が深い神でもあった。アポロンが誕生した際、生まれたデロス島の上空をハクチョウが旋回して、その生誕を讃えている。そのため、ハクチョウもアポロンの聖鳥とされた。

「白鳥座」の物語

レダ以外にも、ゼウスがハクチョウに変身して追いかけた女性がいた。義憤と天罰の女神ネメシスがそうだ。さまざまな生き物に姿を変えながら必死に逃げるネメシスを追う神々の王ゼウス。ネメシスがガチョウの姿で逃げていたとき、ハクチョウとなって追いかけてきたゼウスにつかまった。結果的にネメシスは妊娠し、卵を産む。この卵から生まれたのがヘレネだったが、人間の姿を取ることができなかったので、ゼウスが空にあげてハクチョウにしたという伝説がある。

別の話では、ネメシスと結ばれるために、アフロディーテをワシに変身させ、ハクチョウに変身した自身を追わせることで、まんまとネメシスのもとに逃げこむことに成功、そのまま思いを遂げる。満足し、空に飛び去ったハクチョウのゼウスが星座になったという白鳥座の由来譚もあった。その後、ネメシスが産んだ卵はヘルメスの手によってスパルタのレダに預けられ、その卵から絶世の美女ヘレネが生まれたという物語も語られている。

魔女や悪魔の呪い

悪意をもった相手の呪いなどによってハクチョウに姿を変えられた話は、ヨーロッパを中心に数多く見られた。アンデルセンの『白鳥の王子』もそうした話のひとつである。もともとはデンマークに古くから伝わる説話で、近い話がグリム兄弟の『グリム童話』にも収録されている。

内容はこうだ。ある王国に十一人の王子とエリザという名のひとりの姫がいた。王妃が亡くなったあと、王が再婚したのは悪意と魔力をもった女で、王子は全員ハクチョウの姿にされて城を追い出され、姫も城を追放される。「冠をかぶった十一羽のハクチョウを見た」という老婆の言葉を信じ、いわれた場所にエリザが行くと、そこには十一人の兄たちがいた。

だが、呪いはかかったままで、日中はハクチョウの姿となり、日が落ちた夜のみ人間の姿でいることが許される状況にあった。夢の中でフェアリーから、イラ草で編んだシャツを着せると呪いが解けると示唆されたエルザは、必死にシャツを編む。

魔女の疑いをかけられ、火あぶり寸前にまで追い込まれたエルザだったが、最後の最後に兄たちの呪いを解くことに成功。幸福を取り戻す。こんな話になっている。

王子が六人だったケースなど、さまざまなバリエーションが存在するが、いずれも魔女によってかけられた兄たちの呪いを、妹姫が懸命の努力で解く話になっていた。

ハクチョウに変化する物語の中で世界的にもっとも有名なのは、悪魔の呪いによって侍女とともにハクチョウの姿にされてしまったオデット姫と、姫に恋をしたジークフリート王子の悲恋を描いたチャイコフスキーのバレエ作品、『白鳥の湖』だろう。

ジークフリートはオデットを愛し、自身の愛で呪いを解こうとするが、悪魔の奸計に阻まれ、最後にふたりは湖に身を投げる。しかし、その愛の力が奇跡を呼び、悪魔は滅び、呪いは消える。

そのままふたりは亡くなって来世で結ばれる、というものから、生き延びて現世で結ばれるものまで、いくつもの異なる演出の舞台が存在した。

翼を脱ぐと人間の姿に

鳥や、鳥の姿となって現れた天人と人間が関わる話も世界の各地に存在した。翼と同義の「羽《は》衣《ごろも》」をまとって空から天人が降りてくる話もある。

いずれにしても、その天人、あるいは鳥にとって羽衣は翼そのものであり、羽衣を盗まれることは翼を盗まれることに等しく、鳥の姿や天人の姿に戻れなくなることを意味した。もちろん飛ぶこともできなくなって、天に戻る道も閉ざされてしまう。日本の「羽衣伝説」もそうした物語のひとつであり、まとめて「天人女房譚」と呼ばれた。

世界の各地でよく聞かれるのが、水浴しているあいだに羽衣または翼を若者に隠され、天に帰ることができなくなり、やむなくその男と結婚して子供をつくる物語だ。だが、のちに娘は羽衣（翼）を取り戻し、男のもとを去る。

こうした物語において、娘の本質がハクチョウであったり、ハクチョウの姿を取って地上を訪れていた話は「白鳥処女伝説」や「白鳥処女説話」と呼ばれた。

一方で、翼や羽衣を奪われてやむなく結婚するのではなく、ケガなどで困っているところを助けてもらったお返しとして、救ってくれた者と結婚をする「報恩譚」もある。『夕鶴』という題でも知られる『ツルの恩返し』が有名だが、同様の流れをもつ物語の中にはハクチョウが恩を返す話もある。たとえば日本にはこんな物語があった。

矢が刺さり、苦しんでいたハクチョウを若い農夫が見つける。かわいそうにと、矢を抜いて助けたところ、数日経って若い娘が家にやってくる。娘は男の嫁となったが、やがて娘との暮らしに飽きた男が「嫁はいらない。立派な弓矢がほしい」と叫ぶと、翌朝には嫁の姿が消え、立派な弓矢がそこに置かれていた。

だが、男には弓矢を扱う才能はなかった。そこで、「弓矢はいらない。ハクチョウをくれ」と叫ぶと今度はハクチョウが現れる。男はそのハクチョウを捕まえようとしたが、逃げられてしまう。飛び去るハクチョウを追いかけて男が着いた場所は関所で、そこには関守として、消えた嫁が鎮座していた。のちにこの関所は「白鳥の関」と呼ばれるようになったという。

ヨーロッパには、アーサー王伝説に連なる「白鳥の騎士」の伝説があった。ハクチョウを連れた騎士の伝説を題材に、ワーグナーがつくりあげたオペラが『ローエングリン』である。「白鳥の騎士」は、白鳥処女伝説のモチーフを男性に移したものと指摘される。

原作は十三世紀ごろに成立した叙事詩。白鳥が引く小舟に乗った騎士ローエングリン。ローエングリンはブラバンド王国のエルザ姫のために戦い、勝利することで、弟殺しという冤罪を晴らし、結婚式を挙げる。

多くの物語に見られるように、この物語でも正体を知られることは禁忌。だが、夫の正体を知りたいエルザがローエングリンに名をたずねたことから幸福な時間は終わりを告げ、ローエングリンは妻のもとから去っていく。エルザの失意と嘆きの中、魔法使いによってハクチョウに姿を変えられていたエルザの弟ゴットフリートは人間の姿を取り戻し、帰還する。

死後にハクチョウへ変化

鳥と霊魂を結びつける思想も世界の各地にあった。神や人の魂が鳥のかたちをとって人の前に顕現したり、天上界、冥界と人界とのあいだを行き来するといった思想である。その中には、鳥を神の乗り物と考えるものや、鳥を神の遣いと考えるものも含まれる。一般に「鳥霊信仰」と呼ばれるもので、こうした思想や信仰は、それぞれの民族において自然に発生した。

日本の弥生時代には、季節移動をする渡り鳥を「彼岸」と「此岸」を行き来する存在と見なす思想があったが、飛ぶ鳥を死者の魂の運び手や、魂そのものと見なす思想が古代エジプトにおいても存在していたことは、遺体とともに埋葬された葬送文書「死者の書」などから明らかである。

古代エジプトにおいて死者の魂は、鳥の姿や、頭部が人間の頭である鳥「バー」の姿で描かれた。「フネフェルのパピルス」や、テーベで発見された「アニのパピルス」にも、そうした翼ある存在が描かれていた。

大和への帰郷の途中で死亡したヤマトタケルの魂がハクチョウとなって墓所から飛び去った日本神話の話も、「鳥霊信仰」の延長線上にあったといわれる。

視点を変えて眺めると、日本神話には随所に「鳥霊信仰」の痕跡があることがわかる。神であ

津堂城山古墳から出土した「水鳥形埴輪」。首の長いものはハクチョウがモデルとされる。藤井寺市教育委員会提供

ると同時に、高天原（天）と地上とを行き来するための器でもある「天鳥舟《あめのとりふね》」は、神や霊魂の乗り物だった。アメノワカヒコ（天若日子）の葬儀にスズメやカワセミ、キジといった鳥たちが参列するエピソードも「鳥霊信仰」との関わりが指摘される。

弥生時代の巫女（シャーマン）が神に近づくため、そして自身が神に近い存在と周囲に認めさせるために、鳥の姿をまねた衣装を身につける「鳥装」をしていたことも、そうした思想の延長と考えられている。

古代の墓所である古墳には、水鳥形の埴輪が立てられていたものも複数存在する。首の短い水鳥形埴輪はカモと思われるが、首の長いものはハクチョウを模したものと推察される。また、こうした水鳥形埴輪は、死者の霊を冥界に導くための「呪具」として立てられたものと考えられている。

古くから白い鳥は瑞兆とされて、白いキジが献上された際に元号が「白雉《はくち》」と変えられた逸話があるように、白化した鳥は貴い存在と見なされてきた。それは日本に限ったことではなく、メソポタミアからギリシア・ローマにおいても同様だった。

すべての個体が白く、秋に未知の場所から渡ってくるハクチョウを「神に近い神聖な存在」と見る意識も古くから存在していたと考えられている。大人になっても言葉を話すことができなかった垂仁《すいにん》天皇の皇子のホムチワケが、ハクチョウとの接触を通して言葉を獲得できた逸話も、ハクチョウがもつ聖なる力（ハクチョウの霊力）の恩恵と解釈されている。

3　進化の中のハクチョウ

ハクチョウは人類よりも古い

ハクチョウを含むカモ目は、キジ目と並んで、鳥類の中でもっとも古い時代に誕生したグループであり、「恐竜」と呼ばれる生物群が絶滅した六千五百五十万年よりも以前の白亜紀末期には、すでに地上にいたと考えられている。つまりカモ目は、人類の十倍もの歴史をもっている。そんなハクチョウ類について、二〇二二年に群馬県立博物館から興味深い研究の成果が報告された。二〇〇〇年にアマチュア化石収集家が群馬県内で発見した鳥類の化石が、千百五十万年前に生きていたハクチョウの仲間であることが、群馬県立博物館と京都大学の共同研究により判明したのである。

ハクチョウ類の首はガン・カモ類の中でも特別長く、あらゆる方向に自在に動かすことができる。その動きを支えているのが多数の頸椎だ。首の長いキリンをふくめ、哺乳類の頸椎がすべて七個であるのに対し、鳥類の頸椎の数は決まっておらず、種によってまちまちである。頸椎が多い種もいれば少ない種もいる。こうした特質も、祖先の恐竜から受け継いだものである。

発見された化石の頸椎は、オオハクチョウとおなじ二十三個。骨盤の骨学的特徴もハクチョウ類と一致するものだったことから、ハクチョウの仲間と同定された。アンナカコバネハクチョウと名づけられたこの鳥は海洋性の鳥類で、海に潜っては、特徴ある嘴でプランクトンなどを濾し取って食べていたという。

この鳥の名の「コバネ」は短い翼を意味する。つまり、ガラパゴスコバネウのような翼が退化した飛べない鳥だった。だが彼らは、その短い翼を有効に使って生活をしていたらしい。研究報告においてこの鳥は、子育ての時期に雛を背中に乗せるようにして過ごし、その際に短い翼を背中に乗った雛が水に落ちないためのガード、すなわち「手すり」として活用していた可能性が指摘された。現在も、まだ十分な体力のない雛を背に乗せて移動したり、休ませたりするカモ類ほかの鳥を見ることがあるが、こうした行動は一千万年も前から行われていた可能性があるという。

翼の退化は不可逆的で、一度小さくなった翼がふたたび大きくなって飛翔力を取り戻すことはない。それゆえ、発見されたアンナカコバネハクチョウは、今のハクチョウたちの直接の祖先ではないのはたしかだが、絶滅したハクチョウの中にもさまざまなタイプの鳥がいたことをとても興味深く感じる。

第14章　カラス

1　カラスのイメージ

カラスはなにも変わらない

神話の中でカラスは、神の遣いであったり、神の聖鳥であったりした。ノアの方船にも乗せられ、特別な使命が与えられた。神話の時代は、黒い羽毛にも悪い印象はなく、カラスという生き物のひとつの「個性」として認められていたように見える。しかし、その後は、「凶鳥」と呼ばれたり、悪魔の配下のような扱いをされることがしだいに増えていく。

カラスの「聖」の印象は、人間にしかできないと思われていたことがあたりまえのようにできたことに加え、未来を予知したような行動が見られたことも大きく影響したように思う。

たとえばカラスは、人間の視線の動きを目で追うことができる。つまり、人間が見ているものがわかる。それによって、人間の次の行動を予測することができた。あたかも人の心を読んだか、未来を予知したかのように。もちろん、行動と結果の因果関係も理解した。弓矢や銃口がこちらを向いていたとき、狙っているのが自分なのか隣のカラスなのかもわかった。その人間の感情も。

もともとカラスは、仲間どうしで腹を探り合い、ほかのカラスが隠した食べ物をかすめ取るなどしてきた。自分が有利でいられるように、仲間の行動を学習して裏をかくなど、相手の行動を予測したりもした。人間に対しても、それを応用した。そうするだけのメリットがあったからだ。

「魔」に属する印象は、人間の死体を食べるなど、人間が嫌悪・忌避する行動が、ある時期以降、ひんぱんに見られたことが大きい。また、「白＝聖」や「白＝善」に対する、「黒＝悪」という漠然としたイメージに引きずられたせいでもあった。カラスにとってはただの遊びだったことが、人間に大きな被害、損害を招いたこともあり、それを「悪魔の所業」とふれまわる者もいた。

しかし、ワタリガラスも、ミヤマガラスも、ハシボソガラスも、ほかのカラスたちも、人間が地上に満ちるはるかな以前からしてきた生き方を継続しただけで、人間と接したこの数千年間で自身の行動を変えたわけではない。状況に合わせ、本来の行動を上手くアレンジしただけである。カラスの行動に本質的な変化はなかった。

食べ物を得るためにカラスは智恵をめぐらす。脳内でイメージをつくり、試行錯誤して目的を達する。ときに人間を観察し、そこから食べ物を得るヒントをつかんだりもした。それはカラスにとって、きわめて自然なことだった。

またカラスは退屈が嫌いで、人間や人間のまわりにいる動物に「ちょっかい」をかけて、相手が返した反応を「娯楽」にしたりもした。人間からすればそれは、身に覚えがある、あまりにも人間的な行動に見えた。「鳥なのに、こんなことをするなんて――」と思ったりもしただろう。カラスが鳥の中でも特別な存在であることは、こうした行動からも明らかで、それゆえに「神に愛された存在」と見る目もあった。もちろん、当事者を酷く怒らせることもあったわけだが。

人間は世の中を変えてきた

一方で人間は、時代が進む中で人口を増やし、争いの規模を拡大してきた。

都市化が進み、人口密度が増えると、人間の集団内での感染症のリスクが拡大した。

疫病が蔓延したり、国と国が大規模な戦闘を行うと、必然的に死体が増えることになる。

結果、地面にたおれている大量の人間をカラスは見た。

死体は肉である。動物の肉も人間の肉もカラスは区別しない。腐敗する前に食べるのも、カラスにとっては自然なこと。もちろんカラスは遠慮もしない。食べたいときに食べたいものを食べるだけ。カラスには人間のような善悪の意識もない。

それでも基本的に同属は食べない。モラルなどではなく、本能が「ダメ」と告げるために。

そんなカラスたちも、同属の死骸を見つけると、上空や近くの木などに群がり、見下ろした。仲間のもとに集まる姿は、人間には弔いをしているようにも見えた。また、仲間の亡骸に向かって鳴く声は、どこか悲しげで、追悼の意が感じられる気もした。そうした姿に対し、「人間的」と感じた者もおそらくいただろう。鳥なのに、人間のように悼む心をもっていると。

　こうしたカラスの行動が、葬送の儀式に影響を与えた土地もあったかもしれない。こういった行為も、古い時代のカラスの「聖」のイメージと結びついた可能性は否定できない。

　一方、カラスたちが仲間の死体のまわりに集まってじっくり観察するのは弔意などではなく、死因を知ろうとしているためだと推察する研究者もいた。自分がおなじように死ぬ可能性があるのかどうか、確認しないと落ち着かない気持ちがあり、死の原因についてなにかわかることはないか、死体を見下ろしながら懸命に調べているのだと主張した。それもまた、カラスの生存戦略の一部であるという指摘だった。

　もちろん、そうした主張には否定的な意見もあった。身近な仲間の一羽一羽を見分けながら暮らしているカラスには、特別な親しさをおぼえる個体もいて、そんな相手が死んだ際は、人間が感じる寂しさのような虚ろな気持ちが胸に生じた可能性も否定はできないからだ。

　知人の葬儀に参列する人間がみな、おなじ気持ちでいるとはかぎらない。仲間の遺骸を見下ろすカラスたちも同様で、それぞれに異なる気持ちがあると考えるほうが自然かもしれない。

　人間に話を戻そう。カラスや野犬など、死んだ人間を食べる動物に対して恐怖や嫌悪、怒りを感じる人間は多い。死体が蹂躙されたと感じ、倫理的に許せないと感じる人もいる。人間の尊厳が侵されているとも思う。

　こうした行為をするカラスに対し、「悪魔の所業」と批難した宗教関係者もいた。そうした言葉が人々の心に深く刻まれた結果、カラスに対して「魔の遣い」などといったイメージが刷り込まれることになった。それは、西洋の魔女狩りの時代にとくに強まったともいわれている。日本では、日本人の思想と深く絡み合った仏教が、こうしたカラスの行為を「悪の所業」と考えたことも、カラスを忌避する意識につながっていった。

人を食べる姿を実際に見なかったとしても、カラスの大きな嘴が人間の心に本能的な恐れを呼んだことも事実である。この嘴で突つかれたら大ケガをするかもしれないという想像も、人間の心に恐怖を招いた。

風葬地のカラス

日本において、平安時代に都で亡くなった人の遺体の多くは都外の指定された場所に運ばれ、「風葬」にされた。「野辺送り」は、今でこそ火葬場への見送りや葬式の意味で使われているが、もともとは、葬列を組んで埋葬地まで遺体を運ぶ儀式や、さらに古くは風葬の地まで亡骸を運ぶことを意味した。

京都には現在、「鳥辺野《とりべの》」（清水寺南方）や「化野《あだしの》」（嵐山北西）、「蓮台野（紫野）」（船岡山～紙屋川の一帯）といった「野」のつく地名がいくつかあるが、ここでいう「野」は平安時代に風葬地だったことを意味している。鳥辺野や蓮台野は身分が高い人物向けの地で、より身分の低い者が送られたのが化野とされる。

ハシブトガラス（Jungle Crow / Large-billed Crow）は日本でよく見る二種のカラスのうちのひとつ。嘴が太い。「カーカー」という澄んだ声で鳴く。日本では都市の中心部でもよく見る。

藤原一族など、とくに身分の高い者は、運ばれた風葬地において火葬されることもあったが、当時、より一般的だったのが土葬であり、土葬する財力もない者は、遺体をそのまま野にさらして、朽ちるのを待った。

それを風葬と呼んだが、実際には野犬やカラスが遺体を食べることで骨となった。疫病が広がった際は、こうした風葬地に大量の死体が並び、遠目からもカラスが群がるのが見えたという。

こうした経過から、中世から近世にかけて、カラスの印象は日本でも世界でも悪化していった。「カラスが鳴くと死人が出る」などの負の俗信も、多くの国で語られることとなった。

明治時代になると、日本国内で日本と西洋の文化の融合が起こる。キリスト教的視点によるカラスの悪いイメージが伝えられると、そこでも印象の融合が起こり、これまでにないタイプの不吉さもカラスに対して感じるようになった。

こうした負のイメージが大きく変化したのは、比較的最近のことである。

戦争や疫病で野ざらしにされる人間や、それに群がるカラスの姿を見ることは、今やほとんどない。科学の進歩が夜に対する恐怖を薄め、多くの迷信を消していった。夜中にカラスが鳴いたとしても、それを不吉と感じる人はきわめて少ないだろう。「不吉なカラス」というのはホラー映画の中の演出の一部となってしまった感もある。

インターネットが普及し、カラスが遊ぶ姿やカラスの知的な行動が映像として多数公開されたことで、素顔のカラスにも人々の関心が集まった。それが嫌悪など、古くからあったマイナスの印象を消していった。

逆に今は、カラスに対する好意的な目も増えたと実感する。

『華鳥譜』よりハシブトガラス。国立国会図書館収蔵

春から夏にかけての繁殖シーズンに、気の立った親ガラスに威嚇されて少しだけ怖い思いをすることはある。ゴミ置き場で生ゴミをあさられたり、洗濯物のハンガーを盗まれたりすることを「迷惑」と感じることもある。だが、現代においては、それもまた日常の一部となっている。

今、カラスは、ふつうの野鳥の一員として人間の身近にいる。

2　カラスの目に映る人間の姿

カラスにとって人間は便利な存在

では、カラスからは、人間はどんな存在に見えていたのだろう。

天敵が少ないカラスには、スズメやハトのように人間のそばで暮らすことで危険を回避しようという意識はない。必要がないからだ。ゆえに、スズメやハトよりも少し離れたところにいる。なにもしないカラスにふつうの人が殺意を向けてくることはあまりないが、人間は無条件に信用できる相手でもない。だから少し距離を置く。

それでも関わりを止めるという選択肢はカラスにはない。なぜなら人間は「コンビニエント（＝近くて便利）」で都合のよい存在だから。

人間のそばにいる最大のメリットは、食料を確保する時間を大幅に短縮できるという点にあった。それを目的に、人間に近づいたといってもいい。

人間はカラスとおなじように雑食で、人間が捨てた生ゴミも食材になった。生まれたばかりの幼い家畜もごちそうに見えた。狩りで得た獲物を解体する場からは、人間は食べないがカラスには食べられるものが出た。

施錠されていることも多く、簡単に入れる場所ではないが、食料を溜め込んだ倉庫も人間のそばにはあった。そこに出入りするネズミを捕えると人間は喜んだ。畑は食料の宝庫だった。しかも、その多くが無防備で、食べ放題に思えた。だからカラスは原始のころから人類のそばにいた。

こんなふうに人間の村は、カラスにとっては丸ごと「コンビニエンスストア」だったのだ。最短で食料が確保できれば、一日の大半をダラダラ過ごすことができる。つまり、エネルギー消費を最小限に抑えることができる。また、生きるのに必ずしも必要ではないこと――「遊び」などに時間を使うこともできる。人間のそばなら、カラスにとって理想と思える生き方ができた。

人間が知能を発達させたのは、効率的に食料を確保して、効率よく食べることができるようになったからだといわれる。また人間は、栄養価の高いものも食べるようになった。

カラスも、人間との関わりの中で、効率的に食料を確保して、効率よく食べることができるようになった。余った食べ物を保存してあとから食べる「貯食」とあわせることで、飢えることが大きく減った。美味しいと感じる新たな食材を口にすることも増えた。

カラスの進化史、とくに知能面での進化はまだ解明されていないことも多いが、自由に使える時間が増えたという点で、人間との関わりが影響を及ぼした可能性は大きいように思う。

人間から得られるメリットはほかにもあった。

人間は肉食獣や猛禽のような牙も嘴も爪も俊敏さももっていなかった。それゆえ、人間も人間のまわりにいる生き物も、退屈を紛らすよい「おもちゃ」になった。人間がしている「遊び」も、気に入ったものを模倣した。

カラスの迷惑行為を防ぐ「スケアクロウ」

耕したばかりの畑も、種を撒いた畑も、作物が実った畑も、人間さえいなければ、カラスにとっては「食べ放題のレストラン」だった。

広くユーラシアに分布するハシボソガラスは、ワタリガラスやハシブトガラスに比べて植物系のものをより多く採る傾向があった。そんなハシボソガラスにとって畑は、耕したときに出てくる地虫をふくめ、ごちそうの宝庫となった。「ゴンベ（権兵衛）が種まきゃカラスがほじくる」という歌が日本にあるが、これはハシボソガラスの行動を歌ったものである。

北アメリカのアメリカガラスも、ハシボソガラスとおなじくらい穀類に対する志向性が高い鳥だった。彼らは実ったトウモロコシや小麦などを畑でついばんだ。そのため、カラスの「食害」を防ぐための対策として、「かかし（案山子）」を立てる農家も多かった。

ライマン・フランク・ボームの『オズの魔法使い』の主要な登場人物であるかかし（スケアクロウ）を見てもわかるように、かかしは十字に組まれた木材に服を着せて、布で作った顔を乗せ、ときに帽子やタオルをかぶせてつくられる。できあがったかかしの基本形は世界に共通した。

かかしの英名は「Scarecrow」。後半の「crow」はもちろんカラスで「scare」は「脅す」。つまり、英名の「かかし」は「カラスを脅して追い払うもの」という意味となる。『オズの魔法使い』の中、主人公のドロシーがかかしと最初に出会ったシーンで彼は、「夜も昼もカラスを追い払っているのなんて退屈の極み」という。まさにそれが、スケアクロウの存在理由だった。

『華鳥譜』より、ハシボソガラス。
国立国会図書館収蔵

日本のかかし。

ここからわかるのが、英名「かかし」の語源となるほど、カラスが畑を荒らす存在として認知されていたということだ。しかし、賢いカラスは、かかしを立てたところで、それが自分に害をなすものではないことをすぐに学習する。畑を荒らすカラスと人類との戦いは現在も続いている。

一方、日本のかかしは漢字では「案山子」と書くが、それ以外に「鹿驚」とも書いた。つまり「シカを脅して追い払うもの」の意味だ。追い払う対象はちがうが、語源的な意味、ニュアンスにおいては、「Scarecrow」とおなじである。

水田に立てられたかかしは、おもに稲を食べようとするスズメ対策だった。稲作と深い関係をもつ日本では、かかしのことを「鹿驚」ではなく「雀驚」と記してもよかったかもしれない。

3　人間に匹敵するカラスの脳力

カラスが見せた知的な行動

はるかな過去から、カラスの行動には「知性」が見えていた。そう考えざるをえないものがあった。カラスは人類とは別に神が生み出した特別な能力をもつ生き物。さらには空を飛ぶこともできる。そんな目が向けられたがゆえに、カラスは神話で重要なポジションを得たように思う。カラスは考える。どうしたらいいか。どういう手順が必要なのか。その際は人間を見て、やりかたの「模倣」さえした。そうするだけの「力」がカラスにはあった。そして人類は、予想もしていなかったカラスの行動を目撃する。

カラスは堅い木の実や、嘴ではこじ開けられない貝をくわえて上空まで舞い上がり、岩に落として割った。古代のローマ人も、その事実を知っていた。プリニウスの『博物誌』の中にも、「もし木の実が堅くて嘴で割れないと、彼らは高く舞い上がってそれを二、三回岩か屋根の上に落とし、それにひびが入ったところでそれを割り開く」と綴られていた。日本でも、東北地方の沿岸部を中心に、かなり以前から、ハシボソガラスのそうした行動が目撃されていた。

仙台に始まって広く北日本に拡散した、自動車の通り道やタイヤの前にクルミを置いて轢かせて割る行為も、こうした行動の延長線上にあった。

クルミをくわえたハシボソガラス（Carrion Crow）。ハシボソガラスは広くユーラシアに分布する。

カラスのクルミ割りが報道されて約三十年が経つが、日本で自動車にクルミを割らせた何千年も前から、カラスは智恵をめぐらせて木の実や貝を割り、その中味を食べていたのである。

こうした行動は、それを見たほかのカラスが模倣することで、「文化」として群れに伝わるため、ローマでも多くの市民がこうした行為を目撃していた可能性がある。

しかし、それ以上にローマの市民を驚かせたのが、人間の言葉をおぼえてしゃべる一羽のワタリガラスの姿だった。彼は皇帝ティベリウスほか、広場にいるローマ市民に毎朝、挨拶をした。一人一人の人間もしっかり識別できていた。

この鳥がある人物によって殺されたとき、市民による葬送の行進が行われ、偉人の葬儀のように火葬壇で葬儀が行われた。それなりに高い身分の者でもこれほどの葬式は行われないと、プリニウスは『博物誌』に記している。このようなかたちで葬送が行われた人語をしゃべるワタリガラスは、ローマ市民にとってはおそらくアイドルのような存在でもあったのだろう。

さらに『博物誌』では、このエピソードの最後に、あるワタリガラスが見せた行動についての記述がつけ加えられていた。

底に少しだけ水が残っているものの、中に入るのは危険とカラスが判断した壺があった。干ばつによりカラスは喉が渇いていて、文字どおり水を渇望していた。考えた末、カラスは小石を投げ入れて水面を上げることに成功。最後はしっかり水を飲むことができたと、そこには記されていた。それは、『カラスと水差し』の名で知られたイソップの寓話に酷似していた。

カラスの知的な行動を研究してきた研究者の中には、「イソップのこの寓話は、つくり話などではなく実話なのでは？」と、疑問をもつ者もいた。その疑問は、物語に近い状況をつくり、カラスに挑戦させることで確認が可能と思われた。

カラスが無事にやってのければ、寓話は実話だったと証明できる――。そんな意識のもと、ケンブリッジ大学とロンドン大学クイーンメアリー校の共同研究チームによって検証のための実験が行われた。実験には、ワタリガラスとは別種のミヤマガラスが使われた。

細長い透明な容器に水を入れ、その水面にミヤマガラスが好きな虫を浮かべた。ただし、容器は細くて深いため、そのままでは食べたい虫に嘴が届かない。スタッフは小石も用意した。

ミヤマガラスは水面と自分の嘴の先端までの距離を目で確認した。最適な石を必要数容器に落とすことで虫が食べられると確信したミヤマガラスは、石をくわえて思ったとおりに実行し、しっかり虫を食べてみせた。人間がやり方を教えなくても、正しい方法を自分一人（一羽）で考えて、ミヤマガラスはごちそうを得たのである。

この結果から研究チームは、イソップの物語はおそらく事実にもとづいて書かれたものと結論づけた。同時に、プリニウスが『博物誌』に記したことも事実と証明されることになった。

こうしたカラスの行動は、イヌやネコにも、人間の幼児にもできないことである。古代の人々がカラスを「神の遣い」や「特別な存在」と考えたことも、ある意味、当然といえた。

カラスは霊長類ポジション

鳥の脳は私たちが思う以上に発達している。体重に対する脳の重さを数値化した「脳化指数」というひとつの評価において、カラスの脳の数値はイヌやネコよりも高く、類人猿に迫る。さらに鳥類の脳のしくみは哺乳類とは大きく異なり、内部に無駄な配線（神経線維）がないぶん、小さくて処理速度が速い。つまり、鳥類の脳は哺乳類の脳よりもコンパクトで高性能である。

そんな脳をもつ鳥類の頂点に、カラスの仲間と大型のインコ・オウムがいる。哺乳類で霊長類が立つポジションに、彼らは堂々と立っていた。南アメリカに住むハヤブサ科のカラカラがそこに加わる可能性もあるが、カラスが鳥類でもっとも発達した脳をもつ事実はゆるがない。

道具を使って食料を得る生き物は哺乳類よりも鳥類のほうがずっと多いが、カラスの中には自身の足と嘴を使って道具をつくり出すことができる鳥もいた。

ニューカレドニアに棲むカレドニアガラスは、だれに教えられることもなく、好物の虫を採るための道具を考案した。枯れ木の中にもぐりこんでいる虫、葉と葉のあいだに潜む虫。それぞれの捕獲に最適な道具を自作し、それを使ってごちそうとなる虫を自在に捕って食べる。上手くできた道具は、お気に入りの「マイ道具」として、持ち歩いたりもした。

ニューカレドニアの若いカレドニアガラスは、親やまわりの大人たちが道具をつくる様子や使う様子を見て育つ。そして大人になる過程で試行錯誤を繰り返しながら、道具の制作とそれを使う技を自分のものにしていく。道具をつくり使う文化は、こうして群れの中で伝承されてきた。

だが、先輩カラスの知識やノウハウが継承されなかったとしても、カレドニアガラスは自身の頭で考えて、目の前にあるものから食べ物を得るための新たな道具をつくり出すことが可能であることを研究室で証明してみせた。

立てられた細い透明な筒の底部に、小さなバケツ状の容器に入った食べ物が置かれた。容器は嘴が届かない位置にあった。

カレドニアガラスに与えられたのは、細い針金。はじめこそ、そのまま針金を差し込んで餌に刺そうとしたり、まっすぐな針金で容器を引き上げようとしたが、やがてそれでは中のものを取り出せないことを悟る。試行錯誤の中で、針金の先端を折り曲げてフック状にすることを思いつく。曲げた針金をくわえたカレドニアガラスは、バケツの持ち手にフックを引っかけて取り出すことに成功した。

カレドニアガラスは考えて、それをするのに適した道具を考案し、実際に使ってみせた。それは、論理的な思考ができる高度な脳と自在な作業ができる嘴がなければできなかったことである。

「バードブレイン」ではない

相手を「バカ」と誹謗するとき、ときに人間は「birdbrain／トリアタマ」という言葉を使う。鳥は賢くない生き物と長く信じられていたことがその背景にはある。

鳥、とくにカラスの賢さがクローズアップされて、徐々に鳥類の知的な能力についての理解が広がってきたが、今も「鳥はバカ」と信じている人間は多い。

鳥類が哺乳類に劣ると考えるのは根拠のない、ただの思い込みである。

哺乳類の一員であり、霊長類の頂点に立つと信じる人間にとってそれは、心理的に受け入れにくいことかもしれないが、地球上に哺乳類に比類する鳥類がいるということから目を背けないでほしいと願う。

人間とは異なる知性について、身をもって教えてくれる先生がカラスなのである。

4　カラスの神話

カラスの種類と英名

カラスの仲間、カラス属の鳥は、南極大陸と南アメリカ南部を除く世界各地にいる。最新の分類では、カラス属の鳥は四十六種（コクマルガラス、ニシコクマルガラスをふくめると四十八種）。ハワイやニューカレドニアなど、特定の島に暮らす種（固有種）も多いため、アジアやヨーロッパ、北アメリカなど、大陸の広いエリアで見られるカラスは、ワタリガラスやミヤマガラス、ハシブトガラス、ハシボソガラス、ズキンガラス、アメリカガラス、イエガラス、コクマルガラスなど十数種に絞られる。

最大種はワタリガラスで、高緯度地方をふくめ、広く北半球に分布している。なお、カラスの中の最大種は、スズメ目の中の最大種でもある。

カラスを意味する英語は、「crow」と「raven」の二つ。この二つの単語をともにカラスと訳す場合と、前者をカラス、後者を大ガラスと分けて訳す場合がある。ハシボソガラスやカレドニアガラスなど、ほとんどのカラスは前者で、ワタリガラスやそれに近いカラスたちが後者である。

神話に登場するカラスの多くがワタリガラスで、聖書に登場するカラスもすべてワタリガラスだった。だれもが知る「レイヴン（Raven）」であることから、ワタリガラスは「Common Raven」

と呼ばれた。

「Raven」のもともとの意味は「カーカー鳴くもの」だという。「クロウ（Crow）」も鳴き声に由来した命名で、フランス語の「Corbeau」も同様だった。

「カラス＝黒」というイメージから、「raven-haired」で「黒髪の」という意味となった。これは、日本語で黒髪を美的に表現する「カラスの濡れ羽色」とニュアンスが近い。「raven」を動詞で使うと「むさぼり喰らう」の意となり、「ravenous」で「貪欲な」という意味となる。

ハシボソガラス（Carrion Crow）はヨーロッパでもふつうに見られるカラスで、英名の意味は「屍肉を喰らうカラス」。だが、ハシボソガラスは死んだ動物の肉も食べるが、嗜好は種子類など植物系により向いているため、英名が意味するイメージとはあまり一致していないように見える。ただ、いずれにしてもカラス類の多くが屍肉を食べるスカベンジャー（掃除屋）の顔をもつことは事実である。

神話のカラスはワタリガラス？

聖書の大洪水のエピソードで、ノアが偵察のために最初に放った鳥はワタリガラスだった。だが、ワタリガラスはノアのもとに戻ってこなかったため、次にハトを放った。それは、黒いワタリガラスと白いカワラバトの対比によって、闇に閉ざされていた世界に光が戻ったことを暗示するエピソードでもあったことは、ハトの章でも指摘したとおりだ。

イギリスにあるストーンヘンジと、その周囲に暮らすミヤマガラス。

ワタリガラス。神話のカラスの多くはワタリガラスである。

北欧神話では、主神オーディンがフギンとムニンという二羽のワタリガラスを使役する。ワルハラから動かないオーディンにかわり、世界中を飛び回ってオーディンが必要とするあらゆる情報を集めて報告するのがフギンとムニンの役目である。そのイメージを一言でいうなら、「自立思考型のドローン」が近いだろうか。オーディンが「もっとも賢い神」と呼ばれるようになったのもフギンとムニンのおかげである。ワタリガラスがいてこその神の権威だったのである。

コロニスの浮気を告げ口して主人のアポロンを激怒させ、白いハトに匹敵するほど白かった羽毛を黒くされたギリシア神話のおしゃべりなワタリガラスの例はあるものの、多くの神話でワタリガラスは神に忠実である。実際には、アポロンのカラスも、指示を守ったがゆえの告げ口であったことから、職務に忠実だったと見ることもできる。

アポロンの怒りによって黒くされたカラスだが、縁を切られたわけではない。浮気をした恋人に対する怒りが生んだ激情のままにコロニスを射殺《いころ》したものの、冷静になると後悔に襲われ、同時に生まれた自身に対する行き場のない怒りを発散させるために配下のワタリガラスを黒くしたという側面がアポロンの行動にはあった。それが「八つ当たり」であったことを、アポロン自身も自覚していたのかもしれない。

カラスがずっと黒いままでいたのは、コロニスの喪に服し続けるよう指示されていたためでもあった。ワタリガラスはその後も、アポロンの聖鳥であり続け、怪物テュポーンに襲われた際、逃れるためにアポロンがその身を変化《へんげ》させたのもワタリガラスだった。

中国の神話では、太陽の中には太陽の化身でもある三本足のカラスが住むとされた。三本足なのは、陰陽の思想によるもので、「陽」は奇数であることから、最大の陽である太陽の化身は二本足であるわけにはいかなかったためである。なお、太陽の中に住む黒いカラスは、太陽の黒点の存在とその動きが由来と考えられている。

日本神話に登場する八咫烏は、のちに祀られた際に中国神話の三本足のカラス（三足烏《さんそくう》）と結びつけられて三本足で描かれることが増え、また八咫烏をモチーフとした日本サッカー協会のエンブレムにも三本足のカラスが描かれるが、日本神話において三本足の記述はない。

八咫烏の「咫《あた》」は古代の日本で使われていた長さの単位で、手のひらのつけ根から中指の先端までの長さ、または拡げた手の親指から中指までの長さとされる。八咫で一・五～二メートルほどになるが、実際の大きさではなく、八咫で「とても大きい」と解釈されることが多い。

そうしたことを考えると、中国の神話のカラスも八咫烏も、カラス科最大のワタリガラスがイメージされるが、モデルとなった種が特定できるような情報は残念ながらない。

ほかの地域の神話

イヌイットのある一族の神話では、ワタリガラスは神そのものでもあった。最初のワタリガラスが生まれたとき世界は空虚だったので、寂しさを紛らわせるために、ほかの生き物を創造したとされる。そこに生まれた人間に対して生きる術を教えたのもワタリガラスで、あらゆる生き物を尊重することも教えたといわれている。

ノアの方船にからんだ、よく知られているエピソードとは異なる物語についても紹介しておこう。それは、ノアが最初に放ったワタリガラスが方船に戻らなかったのは、見つけた動物の死骸をむさぼり喰らっていたからだというもの。

この事実を知ったノアは当然のように怒り、神に祈った。「今後は腐肉をお前の食べ物とするように」と。これはこれで説得力のある話と感じる。

5　カラスの素顔、カラスの科学

カラスの名前

いわゆる小鳥が多いスズメ目の中で、カラス科は大型の鳥が複数いる異色のグループである。この科は、カラスの仲間（カラス属）のほか、カササギの仲間、サンジャクの仲間、オナガの仲間、カケスの仲間、ホシガラスほかにざっくり分けることができる。

コクマルガラス（黒丸鴉）をふくめると、カラス属は四十八種となる。日本でよく見られるカラスはハシブトガラス（嘴太鴉）とハシボソガラス（嘴細鴉）の二種。ミヤマガラス（深山鴉）は冬鳥で、ワタリガラス（渡鴉）も冬場にまれに飛来する。

ハシブトガラスはハシボソガラスよりもやや大きく、ミヤマガラスはハシボソガラスよりもわ

江戸時代の鳥の図譜にはコクマルガラスの本草画も多く見られる。現在よりもよく見られたためだろうか？　国立国会図書館収蔵

ずかに小さい。日本で最小のカラスはコクマルガラスで、ハシブトガラスの六割ほどしかない。なお、コクマルガラスには全身が黒い暗色型のほかに、腹から後頭が白い淡色型がいる。真っ黒ではないカラスが珍しかったのか、江戸時代に描かれたコクマルガラスの絵は意外に多く、今も複数の図譜などで見ることができる。

　ハシブトガラスが日本をふくめた極東からインドにかけてのアジアの陸部に分布するのに対し、ハシボソガラスは広くユーラシアに分布する。ハシボソガラスのほうが植物系のものをよく食べ、古くから畑を荒らしたカラスであるのは先にも紹介したとおりだ。

　両者は名前の由来となった嘴の太さから見分けることができるが、個体差もあり、カラスの観察に慣れていないと正しい判別は少し難しいかもしれない。

　ちがいがはっきりとわかるのが声だ。「カーカー」と澄んだ声で鳴くのはハシブトガラスで、ハシボソガラスの鳴き声は「ガーガー」と濁る。ドラマやアニメの音源で使われるカラスの声はハシブトガラスが多い。

カラスに使われる漢字は鴉と烏。鴉がハシブトガラス、烏がハシボソガラスといった分け方が試みられたこともあるが、結局は上手くいかず、鴉と烏は曖昧なまま現在にいたる。本書では先にハシボソガラスを嘴細鴉と漢字表記したが、嘴細烏でもまちがいではない。ほかのカラス類をふくめ、書籍などでは両方の漢字が使われている。

『万葉集』などに見られる奈良時代のカラスの鳴き声の表記は「ころく」。当時の人の耳に、「ころく、ころく」と聞こえたカラスの鳴き声は「児ろ来」と当て字され、「愛する人がきた」といわれているように聞こえたという。「児ろ」は愛する人、「来」はそのまま「来る」である。

英語の「クロウ（Crow）」は、カラスの鳴き声の擬音語がもとになった名称といわれるが、奈良時代のカラスの鳴き声の擬音「コロク」と英名の「クロウ」には、音の響きに近さが感じられるという指摘もある。ヨーロッパ各国と日本でともに、「カッコー」と鳴く声がそのままカッコウ（Cuckoo）の鳥名となったように、耳に聞こえたカラスの「コロク」と「クロウ」にもそうした近さはたしかにありそうだ。

なお、カラスの鳴き声は、「コロ（コロク）」のほかに「カラ」とも聞こえていたとされ、カラスの名は、この「カラ」に鳥であることを示す接辞の「ス」をつけたものという解釈もある。「ス」は「ホトトギス」や「ウグイス」の「ス」とおなじである。

「烏」という漢字の由来も興味深い。「鳥」という文字の上の部分から線を一本取ったものが「烏」。象形文字からきている「鳥」の漢字の上の部分は、もともと鳥の頭部を表わしていて、真ん中の横線は目を示していた。だが、カラスの場合、頭も目も真っ黒で、識別がしにくい。そこから、目を意味する真ん中の線を取ったものを「カラス」を意味する漢字にしたといわれる。

ハシボソガラスとハシブトガラスの声のちがい

鳥は、肺に向かって気管支が分かれる部位にある「鳴管」で「声」をつくっている。人間の喉にある「声帯」とおなじように、筋肉がそれをコントロールすることで自在に声をつくることができる。鳴禽が美麗な声でさえずることができるのも、鳴管があればこそだ。

鳴禽は基本的にスズメ目の鳥である。ふだんあまり注目されることはないが、カラス科もスズメ目に含まれている。カラスはさえずらないが、それでもときに人間の言葉を器用にまねる個体がいる。つまり、人間の言葉をつくることができるポテンシャルを、彼らの鳴管はもっている。

「ガーガー」と濁った声で鳴くのがハシボソガラスで、「カーカー」と澄んだ声で鳴くのがハシブトガラスと先にも記したが、こうした声のちがいをつくっているのが、鳴管とつながっている、鳴管をコントロールする筋肉の数である。

ハシブトガラスは七種の筋肉が鳴管に伸びているのに対し、ハシボソガラスは五種。数が多いほど微妙なコントロールができる。実際にハシブトガラスは、さえずる鳥よりも微細な鳴管のコントロールが可能になっている。澄んだ声を出せるのは、このためである。

さらにいうなら、長文をおぼえて話すセキセイインコよりもハシブトガラスのほうが鳴管が発達している。それが、きわめて上手に人間の言葉を話すハシブトガラスがいる理由となっている。

雌雄はわかる

人間がその目や耳でカラスの性別を知ることはほぼ不可能だが、カラスどうしは当然のように相手の性別を理解する。どうやって相手の性別を知るのか、すべてのカラスを対象とした研究は行われていないが、ハシブトガラスについては、わかっていることもある。

人間は声の質や話す声のキーの高さから相手の性別がだいたいわかるが、ハシブトガラスも同様だという報告があるのだ。

解剖学的な研究によれば、ハシブトガラスの気道の長さはオスのほうがメスよりも長く、咽頭の長さや幅もオスのほうが長い。こうした構造のちがいから、おなじように声を出したときに声の高さがちがってくることが確認されている。

声紋を比べると、メスのほうが若干周波数が高い、つまり高い声で鳴いている。鳴管そのものには性差がないことが確認されているため、声の高さのちがいはおもに気道に由来すると『カラス学のすすめ』において杉田昭栄氏は結論づけている。

それは人間の耳にはわからないほどのわずかな差だが、微妙な音のちがいが判別できる鳥類の耳には、はっきりとわかる差異らしい。つまり、姿が見えなくても、そこで鳴いた同種のカラスがオスかメスか、ハシブトガラスにはわかるということである。

第15章

ウ

1　ウという鳥のイメージ

人のそばにいた、もう一種の黒い鳥

ウは海のカラス――。紀元前のヨーロッパにおいて、ウにはそんな視線が向けられていた。全身の羽毛が黒いこと、いわゆる小鳥よりも大きな体をもつこと、群れること。たしかにそれは、ウとカラスの共通点ではあった。

だが、人間の近くで暮らし、古くから人とさまざまな接点をもっていたカラスとはちがい、ウは水辺に暮らし、水に潜って魚を獲る鳥。それなりに人のそばにはいたものの、一定の距離を維持し、人間と積極的に関わろうとはしなかった。

だが、ウがもつ才能と、彼らがもたらす益に魅力を感じた人間は、ウに向かって手を伸ばす。複数の土地で、さまざまなアプローチで、ウを利用しようとした痕跡が歴史の中に残っている。千三百年、あるいはそれ以上の長きにわたって漁を手伝ってもらった事実が日本にもある。長良川の鵜飼を知っている人なら、「あぁ、あの鳥か！」と姿を脳裏に浮かべて思うだろう。ウは鵜飼のウ、と。

大きな集団となったウは、川魚を獲る漁師からは漁場を荒らす「邪魔者」、「厄介者」として、「敵」と認定されることも多く、忌み嫌われることさえあった。

だが、利害関係のないそれ以外の人間は、岩や木の杭の上で翼を広げ、気持ちよさそうな顔で濡れた羽毛を乾かす姿を見て、ついつい微笑んでしまうこともあったはずである。

悠々とした姿で陽の光を浴びる様子からは、カラスを見て感じるような、ちょっと怖いという印象や圧迫感は、ほとんど感じられない。百羽、千羽という大きな集団になると、またイメージも変わるが、ウは水辺で数羽から十数羽でいることも多く、近づく人間を見て逃げようとすることはあっても攻撃してくることはない。

ウは、いうなれば体が大きいだけの、ふつうの野鳥だった。それにもかかわらず、カラスのようと思われてしまうことがあった。それも、複数の土地で。

たしかに黒い鳥という共通点はある。だが、ウとカラスは生息する場所も、食べ物も、習性も異なり、嘴や首の長さ、翼のかたち、水掻きの有無など、姿も大きく異なっている。見まちがえようはない。それでも、「近い」という印象は、人々の心からはぬぐえなかったようだ。

ウは、ラテン語で「*corvus marinus*」といった。「海のカラス」という意味だ。それが初期のフランス語で「cor marin」となり、そこから英語のウの名称、「Cormorant」が生まれた。英名が意味するものも、そのまま「海のカラス」である。

ラテン語から派生したスペイン語、ポルトガル語、イタリア語などでウを示す単語も、「海のカラス」の意となる。なお現在、「*corvus*」は「カラス属」を示す学名となっている。

イメージの失墜

神話の時代、カラスのイメージは今ほど悪くはなく、多くの神話で神の眷属としての地位を保っていた。聖書においても、ほかの生き物とともにノアの方舟に乗せられたことも、不吉なイメージを持たれるような存在ではなかった証拠となる。

だが、少し時代が進むと、カラスは悪魔と結びつけられ、悪しき鳥と見なされることも増えてくる。西洋の魔女狩りの時代は、とくにそうした印象が強まった。そして、そのイメージは、ウにも反映されてしまう。

イギリスの詩人、ジョン・ミルトンは、叙事詩『失楽園』（一六六七年初版）の中で、サタン（悪魔）の姿を「その姿はウさながらであった」と書き綴った。中世から近世のヨーロッパでは、ウに対しても、カラスとおなじように〝禍々しいもの〟という目が向けられることがあったことを、この文章は示唆している。

ウに対してそうした印象をもっていた人間が実際にどのくらいいたのかはわからない。だが、この作品で負のイメージを刷り込まれ、ウの印象を悪化させた人間はおそらくいただろう。

カワウはイギリスでもよく見かける鳥である。『失楽園』が執筆・刊行されたのは、内戦も終わって落ち着きを取り戻したイギリスで、国王ジョージ二世がカワウを使った鵜飼を復活させた時期とちょうど重なる。こうした事実を、とても興味深く感じる。

ミルトンが悪魔をウになぞらえた背景については、この時代のイギリスの空気や鳥観などもふくめ、まだまだ調べる余地が多いと考えている。

2 ウの呼び名とことわざ

日本での呼び名

ウについての解説を深める前に、日本におけるウの呼び名や漢字の由来について紹介しておきたい。

現在の日本での呼び名はウで、「鵜」の文字があてられているが、かつては「鸕鷀《ろじ》」と「鵜」の両方の文字が使われていた。由来はもちろん中国語である。中国でのウの漢字表記や呼び名も「鸕鷀」だった。つまり、ウを示す漢字としては鸕鷀が正しい。

ウを示す漢字として、日本では「鵜」の文字が定着してしまったが、実はまちがった漢字が導入されていたことになる。中国ではペリカンを「鵜鶘《ていこ》」と呼んでいた。ここから拾われた「鵜」の文字が、はからずもウを意味する日本語になってしまったのである。

『日本書紀』での表記は「鸕鷀」。しかし、『古事記』や『万葉集』では「鵜」が使われていた。『鳥名の由来辞典』（菅原・柿澤）によると、平安時代以降、文芸では鵜が、本草書では鸕鷀が使われ、辞書ではその二つが並記されたという。それが意図的なものであったかどうかは今となっては確かめようがないが、日本でウに対して「鵜」の文字を使うという〝誤用〟を定着させたの

カワウ。ウ科の鳥は趾（あしゆび）すべてのあいだに水掻きがあり、これを使って水中を自在に潜り、餌となる魚を獲る。ウのような足は、「全蹼足（ぜんぼくそく）」と呼ばれる。おなじ潜水性の鳥であっても、翼（フリッパー）を使って泳ぐペンギン類とは根本的に泳ぎ方が異なっている。

う。服部雪斎、『華鳥譜』より。江戸時代はまだ、ウミウとカワウが区別されていない。国立国会図書館収蔵

は『古事記』の編集グループという指摘もあった。

中国名の「鸕鷀」の「鸕」と「鷀」の文字は、どちらも黒い鳥を意味していた。中国語では、おなじ意味をもった二語を重ねて特定の対象の名を示すということがよく行われる。連文と呼ばれるもので、ウを示す漢字の「鸕鷀」も、そうした構造になっていた。

なお、和歌においては、「鵜」の枕詞として「しまつとり」（＝島つ鳥）が使われていたが、「しまつとり」もまた、平安時代以降、ウ、とくにウミウの呼び名、別名として定着している。

ウの名の由来と、ウについてのことわざ

ウの名前の由来として、水に「浮く」ことから「ウ」となったのではないか、というものがある。江戸時代の儒学者、新井白石なども主張した説だが、異論も多く、定説にはなっていない。

「烏」は「カラス」と同時に「ウ」とも読む。「鵜」の読みも、もちろん「ウ」。この二つの読み、音の響きがおなじであることに意味があるのではないかと考えた人もいた。

ウを「海のカラス」と呼んだローマ人とおなじように、ウに対して「カラスのような鳥」という印象をもっていた者が、「烏《う》」と「鵜《う》」というおなじ響きの音を漢字の中に残そうとしたのではないかという思考である。こじつけといわれかねないものだが、興味深い考えではある。

なお、ウとカラスの見目《みめ》の近さは、ウとカラスにまつわることわざも生んでいる。

「鵜のまねをする烏」ということわざは、「自分の能力をかえりみないで相手のまねをしても失

敗するだけ。最悪の場合、死も招く」ことを示す。もとは、「おなじ黒い鳥であっても、カラスに水に潜る能力はないので、ウのまねをしても溺れて死ぬだけ」という意味だ。だから、自分の属性や身の程を知ることが大事だと先人はいさめる。

「鵜の目、鷹の目」という言葉もある。ウは鋭い目で水中の魚を見て捕らえ、鷹ははるかな高みから獲物を見つけて襲いかかる。両者はともに、確実な漁や猟をするハンターである。

鷹の目の鋭さは古くから知られたとおり。ウについても、もっとも身近でもっとも的確に魚を捕らえる鳥といえばウだとだれもが知っていたからこそ生まれた言葉だったのだろう。ちなみに猛禽類の視力のよさと、魚を獲る水鳥の水中での視覚能力の高さは科学的にも証明されている。

大食漢であるがゆえに

ウが、大きな魚も苦もなく飲み込む姿から「鵜呑みにする」という言葉も生まれたが、鳥の多くが食べたものを丸呑みにしている中、わざわざそこに鵜の名前が入ったことにも意味や背景があると指摘する声がある。具体的にいうなら、この言葉が誕生した背景には、「大食漢」というウの特質が影響した可能性があるのではないかという主張だ。

たとえばカワウは、一日に体重の四分の一もの重さの魚を食べる。消化能力も高いため、小さな魚をいくつか食べただけでは、あっというまに空腹になる。だから生きていくために、カワウはできるだけ大きな魚を捕まえようとする。

さらに、一匹や二匹では足りないので、できるだけ多くの獲物を飲み込もうとする。そんな鳥だからこそ、「鵜飼の主役」に抜擢されたのである。

大きな魚を飲み込んでも、すぐに消化されてしまうので、またごくりと丸呑みにする。こうした資質がウにあったからこそ、丸呑みの印象が強まって、「ウの丸呑み」から「鵜呑み」という言葉ができたのではないかという指摘があった。

実はこうしたウの体質は世界的に認知されたものでもあった。ウの英名からも、それがわかる。英語の「cormorant」はウの名称であるとともに、「大食らいな人」や「貪欲な人」という意味ももつ。

英語圏でもウは大食の象徴であり、cormorantという単語は、「歩く胃袋」のようなニュアンスでも使われることがあった。こうした事実を知ると、「鵜呑み」という言葉もより深く理解し、その意味を実感できるのではないだろうか。

ミルトンの詩の例のように、中世のある時期から、ヨーロッパの人々のウに対する印象が悪化したのも、こうした性質が影響したのではないかと考えている。キリスト教の世界観で示される「七つの大罪」のうちの「暴食」は、まさにウのイメージそのものであるように見えるからだ。

ちなみに、「鵜呑みにする」という言葉は、「よく考えることもなく（自身で咀嚼をせず）、人の意見などを丸ごと受け入れる」という意味で使われる。ウからは、「本来の意味は、そういうことではない」と異論の声も聞こえてきそうだが、長く使われてきた言葉なので、いかんともしがたい。

安産信仰

一方でウは、飲み込むだけでなく、飲み込んだ魚を苦もなく吐き出すこともできた。人々は鵜飼の場で、それを目にした。

こうした資質から、「安産信仰」が生まれた。

初代の天皇である神武天皇の祖父にあたる火《ほ》遠《おり》理命《のみこと》と結婚した豊玉姫が、出産にあたって安産祈願のため、新たに建てた産屋の屋根をウの羽毛で葺《ふ》こうとしたエピソードが『古事記』や『日本書紀』の中に見える。

「ウ」の語源においては、こうした神話がもとになっていて、「ウ」は「産む」の「う」であるという説もある。

飛鳥・奈良時代かそれ以前から、こうしたウの霊力に対する信仰が日本にはあったようだ。ウの羽毛は安産をもたらす「お守り」で、ウの羽を握って出産すると安産になるといった俗信も、一部地域では比較的最近——二十世紀まで続いていた。

なお、同様の思想は中国にも存在し、古代においては妊婦が生きたウを抱いて出産に臨むということが実際にあったことが『鵜飼』(可児弘明著)の中で紹介されている。

3　ウの性質

鵜飼のウと鵜呑み

鳥の多くは、飲み込んだ食べ物を、食道の下部にある「そ嚢《のう》」と呼ばれる袋状の器官に一時的に溜め込んでいる。そして、雛やつがいの相手に給餌するときは、ここから吐き戻して与えている。歯のない鳥は咀嚼ができないので、そ嚢からは飲み込んだものがそのままの形状で出てくる。

実は、鵜飼においては、ウに本当の意味での「鵜呑み」をさせないことで漁が成立している。飲み込んだ魚がそ嚢まで行ってしまうと、人の手で吐き出させることは困難になる。またウは、そ嚢に入った魚を順に胃に送り、消化させている。

それでは漁にならないため、鵜飼に使うウでは、放つ直前に、その首のつけ根を紐状のもので縛り、大きな魚がそ嚢に流れていかないように止めている。それは「首結い」と呼ばれるもので、日本だけでなく、中国の鵜飼の現場でも行われている。日本では麻の繊維を縒った紐で首結いをしているが、かつてのヨーロッパの鵜飼（後述）では革の紐が首結いに使われていたようである。

気道が圧迫されることがなく、ウが飲み込んでも問題のない小さな魚は通り、漁の対象となる魚はそこに留まるくらいのゆるさで結われる。その縛りかたや径の決めかたひとつで、その日の漁獲量が変ってしまうという。ここにも、長くウとつきあってきた熟練の鵜つかい、鵜匠《うしょう》の経験と技が生きている。「首結い」もまた、鵜飼における重要な技術なのだ。

「首結い」は、水に入る直前に船上でウの首につけられる。同時に、ウの両翼の下を通るかたちで腹部にも紐が結ばれる。こちらは「腹掛け」と呼ばれ、「首結い」がずれてウが苦しくなったりしないためのものである。

先にも記したように、鵜飼のウは「そ嚢」ではなく、その上部の食道に魚を溜め込んでいるが、それが可能なのも、ゴムのように――ペリカンの喉のように、よく伸びる食道があってのこと。大きな魚も支障なく飲み込めるように進化した体が、鵜飼という漁に活用されているかたちだ。

とはいえ、無限に食道に溜め込めるわけではないため、ウを操る日本の鵜匠や中国の鵜飼いの漁師は、ウの喉のふくらみを見て、「ここまで」と思ったタイミングでウを手繰り寄せて（呼び寄せて）魚を吐かせている。その見きわめも、熟練した鵜匠・鵜つかいの技なのだという。

日本のウ

ウ科の鳥は熱帯から温帯を中心に、世界に四十種ほどがいる。

ウ科はカツオドリ目に属し、近縁の科はカツオドリ科やグンカンドリ科など。総じて、魚を主食とする鳥たちである。また、ウの仲間の潜水能力は高く、潜ることが得意な種では、海底五十メートルに設置された漁網にかかってしまった記録もあるという。

日本にいるウ科の鳥は、カワウ（川鵜）、ウミウ（海鵜）、ヒメウ（姫鵜）、チシマウガラス（千島鵜烏）の四種で、このうち川や沼など、陸地で見られるのがカワウだ。

カワウは樹上に集団で営巣し、繁殖期以外もおなじ場所をねぐらに使う傾向がある。カワウのフンは強い酸性であることから、営巣・ねぐらに使われる木は短期間で枯れてしまう。そのため、そうした被害を回避するために、たとえばカワウの営巣地（コロニー）になっている上野の不忍《しのばずの》池《いけ》に浮かぶ島の木は、人工の構造物（擬木）に置き換えられている。

ちなみに、明治以前の東京（江戸）にも多くのカワウがいて、江戸城の堀には数千羽のウが集まる営巣地があった。「Notes on the Ornithology of Yedo〔江戸鳥学覚書〕」において、江戸・東京でもっともたくさん見られる鳥はカワウであると報告したのは、明治時代の初頭に政府に招かれて東京に滞在したイギリスの測量技師のC・A・マクビーンである。

マクビーンは同書に、「夕方、ねぐらに帰ってくるときの声の騒がしさは、四百メートル離れていても聞こえるほど」とも記している。

数千羽のカワウの集団は、季節によっては、江戸城に登城する人々や城から出る人に、恐怖や圧迫感を与えていたかもしれない。少数でも威圧感をおぼえるカラスとはちがうとはいえ、四桁の集団はさすがに少し怖い。

また、江戸城の樹木を管理する庭師が、ウのフンによって枯れた庭木を毎年植え替えていた可能性もある。実際にそのような状況にあったとしたら、幕府は江戸城の植え込みを維持することに想定外の予算を費やしていたかもしれない。

こうした事実を知っていくにつれ、時代劇にはまだまだ描かれていないことも多いと感じる。

日本の鵜飼はウミウが主役

カワウは北海道では夏鳥だが、国内のほかの土地では年中見られる留鳥である。ヨーロッパで見られるカワウもおなじ種だが、ヨーロッパや中国のカワウはそれぞれ別の亜種となっている。なおカワウは、ユーラシアのほかに、オセアニア、アフリカ、北米の一部にも分布している。

ウミウはその名のとおり海に暮らすウで、営巣地や休憩地は海岸沿いの崖。日本の沿岸部のほか、サハリンから朝鮮半島のあいだの日本海周辺の沿岸から、黄海・東シナ海の沿岸部に分布する。なお、その潜水能力は八〜十五メートルといわれる。

他国ではカワウが主役となっているが、日本の鵜飼では伝統的に捕獲された野生のウミウが使われてきた。鵜飼で使われるウは、茨城県日立市十王町にある「鵜の岬」と呼ばれる専用の捕獲場で春と秋に捕えられたものを全国の鵜飼の場に供給するかたちとなっている。かつては国内の複数の場所でウミウが捕獲されていたが、現在捕獲が認められているのはこの場所のみとなる。

江戸時代、ヒメウはウガラス（鵜烏）とも呼ばれていて、明治・大正時代になっても鳥図鑑にはヒメウとウガラスの両方の名が掲載されていた。その名残が、チシマウガラスの名前に見える。ヒメウとチシマウガラスは北太平洋の沿岸部に生息し、北海道東部・北部の沿岸以外で見ることは少ない。

なお、ほかの鳥と同様、ウの仲間も腰に脂を出す腺、尾脂腺があるが、あまり発達していないため、塗っても羽毛に撥水効果をもたせることができない。陸に上がって翼を広げ、陽に当てて乾かしているのはそのためでもある。

一方で、羽毛が濡れやすいことで浮力が減り、ウの体は水中に潜りやすくなっているという事実もある。これもまた、ウ独自の進化とされる。

4　鵜飼

ウとの最古の接点？

ウは昔から人間の近くにいた。認知された時期は、スズメやカラスやハトに近かったかもしれない。ウと人間には、古代からさまざまな接点があったことを、発掘された遺物が証明する。たとえば、紀元前一四〇〇年～紀元前一〇〇〇年ごろ、中国四川省の長江（揚子江）上流域に起こった古代蜀国の文明（長江文明）。その代表的な遺構である三星堆《さんせいたい》遺跡からは、鳥を模した遺物が数多く出土している。

三星堆遺跡が脚光を浴びたのは一九八六年のこと。遺跡の象徴でもある青銅製の仮面や金箔がかぶせられた青銅人頭像とともに、九羽の霊鳥が止まった四メートルもの高さがある青銅製巨大神樹などが出土した。

この遺跡からいくつも見つかっている、水を汲むための杓《ひしゃく》の把手にあたる「鳥の頭」を象《かたど》った土器は、長い首と特徴のある嘴の形状から、カワウの頭部を模したものと考えられている。

三星堆遺跡を研究する徐朝龍《じょちょうりゅう》氏は、『三星堆・中国古代文明の謎』の中で、「三星堆に暮らした人々の社会的背景として、カワウを中心とした鳥崇拝があった」と主張する。カワウは三星堆の人々から貴い鳥と思われており、民族のシンボルになっていた可能性もあるという。

前漢時代に編纂された『蜀王本紀《しょくおうほんぎ》』や東晋時代の『華陽国志《かようこくし》』など、四川地方の古代の歴史を記録した書物には古代蜀王の名が記されており、そこに蚕叢《さんそう》、柏灌《はっかん》、魚鳧《ぎょふ》、杜宇《とう》といった名が見えるが、このうち魚鳧、柏灌は、ともにカワウを意味する名前であり、カワウに由来する名と考えられている。

三星堆から出土したウを模した把手。『三星堆——中国5000年の謎・驚異の仮面王国』図録の写真を参考にイラスト化。

こうした史実や出土品から、この土地におけるウと人間の結びつきの深さが見えてくる。

さらには、この土地がカワウの生存に適した場所であり、遺跡がつくられた当時から多くのカワウがいたことを考えると、この地で鵜飼が行われていた可能性が浮かび、同時に、もしかしたらここが中国最古の鵜飼の現場かもしれないという推測も生まれてくる。

カワウと縁の深いこの土地で、いつしか自然発生的に鵜飼かそれに準ずることが営まれた可能性はたしかにある。とはいえ、確定的な証拠がない以上、鵜飼が行われていたと断定することはできない。この時代かそれ以降に、この場所で鵜飼が行われたことを想像するのみである。

中国では、秦漢の時代にカワウの挙動を見た何者かがそれをヒントに鵜飼をはじめ、隋唐の時代に漁としての鵜飼が国内に広がっていったという説が主流になっているというが、その始まりについてはまだまだ解明が進んでいない。とくに、始まりの地については依然不明のままだ。ある土地から始まったのか、複数の土地で多元発生したのかもわかっておらず、古代と現代をつなぐリンクを探る調査は現在も継続中である。

三星堆やその周囲に暮らした人々とウとの関係がさらに解明されていくことで、鵜飼のルーツにおいて重要な示唆が生まれてくるかもしれない。その可能性に期待したい。また、隋や唐が支配していた時期のこともほとんどわかっていないため、十世紀以前の鵜飼のことがわかる文献がどこかで発見されることも強く願っている。

中国の文献に残る古代日本の鵜飼

鵜飼に関する中国最古の史料は、遣隋使の報告にもとづいた日本の事例についての報告である。自国の鵜飼の記述が中国の文献に登場するのは、その数世紀後、十世紀以降となる。

七世紀に成立した隋の時代の年代記である『隋書』の中の倭国に関する記述の中に、「小環を以って鸕鷀の項に挂け、水に入りて魚を捕えしめ、日に百余頭を得」という一文がある。前後の文章から、これは九州地区で行われた鵜飼と推測されている。

この文章には、ウが紐でつながれている旨の記述がない。紐の小環のみがウの首に見えるということは、この鵜飼が、ウが自由に泳いで魚を捕らえる「放ち鵜飼」だったことを示している。そして、この記述どおりの鵜飼が行われていたことが、ウを模した埴輪から見えてくる。

古墳時代の遺跡から出土する埴輪には鳥を象ったものも多い。ウを模した埴輪（鵜形埴輪）は全国の遺跡から二十体以上発見されているが、そのうちもっとも状態がよいとされるのが、五世紀末から六世紀の前半につくられた保渡田《ほとだ》八幡塚《はちまんづか》古墳から出土した埴輪だ。

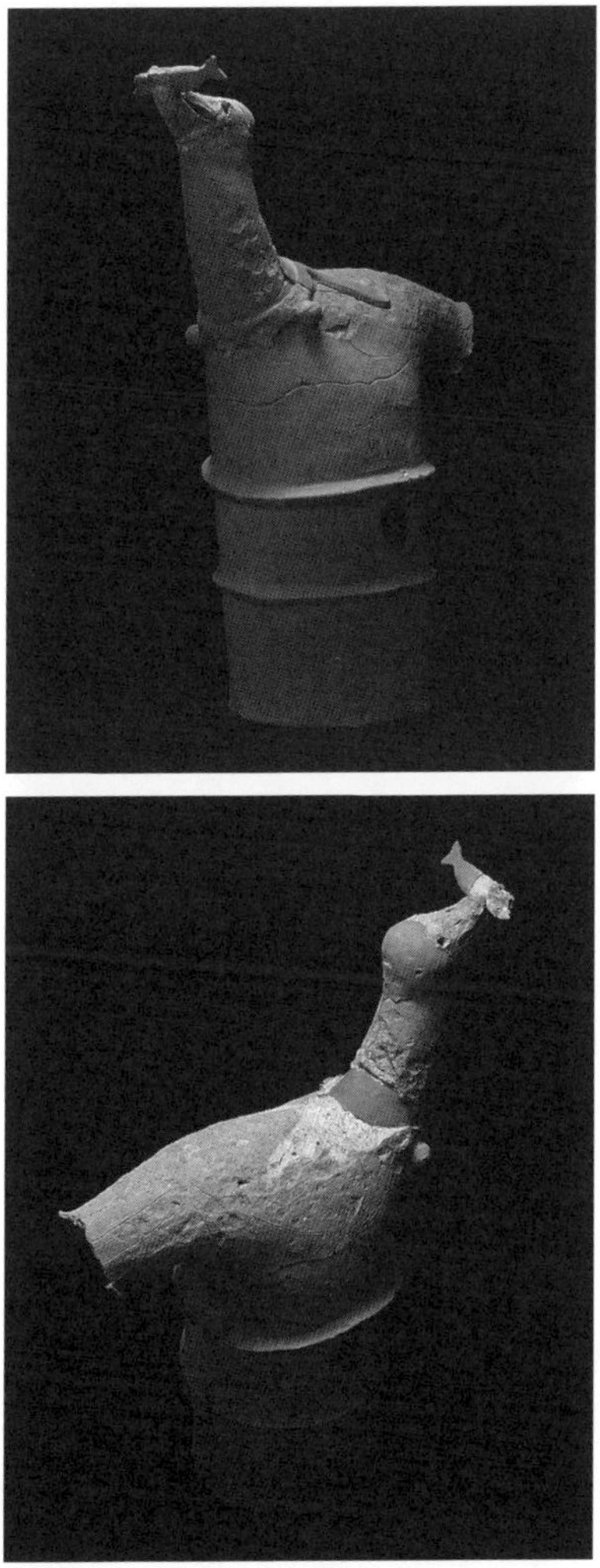

ウが魚をくわえた埴輪。首にはスズがつけられていることがわかる。（保渡田八幡塚古墳「鵜形埴輪」。かみつけの里博物館提供）

この埴輪は、ウが魚をくわえ、今まさに飲み込もうしている姿をリアルに表現したものとなっている。首に鈴のついた小環が巻かれたこの埴輪のウが、『隋書』の中のウの描写とよく一致する。

大阪府茨木市の太田茶臼山古墳《おおだちゃうすやま》（継体天皇陵）からも、とまり木に止まった、水掻きのある足をもつ水鳥の埴輪が出土している。残念ながら頭部が欠けているが、首に蝶結びの紐がつけられていた様子が見えるこの埴輪も、ウの姿を象ったものと分析されている。なお、太田茶臼山古墳出土のものが鵜形埴輪としては日本最古で、五世紀後半の遺物とされる。

こうした証拠から、古墳時代の日本ではすでに鵜飼が始まっており、鵜飼に対する人々の認知も進んでいたことがわかる。また、『隋書』の中の「一日百尾以上も魚を捕らえる」という文章から、少し時代が進むと一定規模の漁獲となって、漁として成立していたと考えることができる。

『日本書紀』の中には、熊野に上陸した神武天皇が吉野川で出会った贄持之子《にえもつのこ》が、鵜が捕らえたアユを朝廷に献上していた「阿陀《あだ》の鵜飼部《うかいべ》」の祖先であるという記述もある。ここからも、『日本書紀』が成立した時期（七二〇年）にはすでに、ウを使って魚を捕らえることを主務とする、役職としての「鵜飼部」が国内に存在していたことがわかる。鵜飼はこの時代に、すでに完成されたものとなっていたということだろう。

『万葉集』の中にも、ウや鵜飼をうたった歌がいくつもある。たとえば公卿で歌人の大伴家持は鵜飼を気に入り、自身でも行っていたようで、「鵜を潜《かず》くる歌」と題された作品として長歌一首、短歌二首を詠んでいる。なお、「潜くる」は「水に潜らせる」の意である。

このとき大伴家持は、川を歩きながら鵜飼をする「徒歩鵜《かちう》」を夜に行ったことが歌からわかる。時は八世紀半ば。場所は越中、富山である。なお、可児弘明氏は著書『鵜飼』の中でこれを、（心身の鍛練をかねた）スポーツ的な鵜飼と評している。

「鵜川」、「鵜川立ちけり」という言葉が入った和歌は鵜飼の歌である。奈良時代にはウを川に放って魚を獲らせることを「鵜川」と呼び、鵜飼をすることを「鵜川立つ」といった。

日本の鵜飼の変遷

平安末期の乱を描いた『保元物語』や『平治物語』にも、鵜飼をする者についての記述があった。『吾妻鏡』には、源頼朝が鵜飼を見るのを楽しみにしていた話や、源頼家が自身とおなじように鵜飼に愛着をもっていた家臣たち（愛鵜の輩、と表現されている）を引き連れ、相模川で鵜飼を見物した話などが記されている。

ここから、この時代の相模川でも鵜飼が行われていたことがわかる。近隣の多摩川上流でも鎌倉時代から鵜飼が行われており、江戸時代には江戸城にアユが上納された記録もある。なお、相模川や多摩川、静岡の安倍川で行われた鵜飼ではカワウが使われていたようである（『鵜と人間』）。

かつての甲斐国《かいのくに》、山梨県の笛吹川で行われている鵜飼は平安時代にまで遡る。この川の鵜飼は石和《いさわ》温泉の付近で行われていることから「石和鵜飼」とも呼ばれた。

京都では、淀川水系の桂川、賀茂川に合流する高野川、南部を流れる宇治川などで鵜飼が行われた。平安時代を代表する文学、『源氏物語』の中にも鵜飼が描かれた場面がある。

京の鵜飼は、天皇に献上するアユを捕るという目的ももちろんあったが、貴族たちが舟の上から、ウが魚を捕えるところを見物する娯楽、「鑑賞イベント」という側面もあった。現在の日本の鵜飼は観光がメインだが、平安時代にはすでに、そのはしりがあったわけである。とはいえ、庶民が船から鵜飼を見物できるようになったのは比較的最近のことである。

岐阜、長良川で鵜飼をする鵜匠が宮内庁所属の国家公務員であることは、よく知られたとおりだ。戦国時代、織田信長が長良川をはじめとする美濃国の鵜飼を保護し、鷹狩りの「鷹匠」に対応するかたちで鵜飼をする鵜つかいに漁業特権を与え、「鵜匠」を名乗ることを許したことがこの地における鵜匠の名の始まりとされる。また、鵜匠はのちに、鵜飼をする者たちの長の役職名として各地で定着することとなった。

鵜飼の層の広がり

鵜飼をする層が拡大し、各地で鵜飼が見られるようになったのは戦国時代から江戸時代にかけてである。戦国時代、武将やその側近の上級武士の一部が、戦のない時期の休養をかねた娯楽として鷹狩りとともに行ったのが鵜飼だった。

江戸時代になると、藩が漁業としての鵜飼を保護・奨励したことなどにより、全国の河川で鵜飼が行われるようになる。明治時代以降、風船の空気がしぼむように一気に鵜飼が下火になった

長良川の鵜飼。夜に篝火のもと鵜飼をする長良川の様子。

松川半山の「鵜飼図」。岐阜市歴史博物館所蔵

のは、藩による保護が消滅し、鵜飼では生活できなくなった漁師がおおぜい出たことが大きい。ただ、長良川の鵜飼だけは、明治天皇の「鵜飼御覧」を実現させたことで、鵜匠が宮内庁の職員（公務員）となって、現在に至るまで安定した鵜飼が継続されることとなった。

なお近年、長良川が「見せる鵜飼」を観光資源として定着させることに成功したことで、各地の観光協会や自治体がその実態を学び、よい点を取り込みつつ、それぞれの場所で鵜飼を復活、拡大させる努力を行った結果、少しずつ鵜飼を行う河川が増えてきたのがここ最近の状況である。

日本の各地では現在、手縄《たなわ》と呼ばれる紐の先にウをつなぎ、鵜匠が手縄を握ってコントロールする「つなぎ鵜飼」と呼ばれる方法で鵜飼が行われている。「つなぎ鵜飼」は、急流が多い日本の河川において、鵜飼中にウが流されないようにするために始まったとされる。

とはいえ、昔から鵜飼はこのかたちと決まっていたわけではなく、かつての日本では、ウを自由に泳がせながら魚を捕る「放ち鵜飼」も行われていた。「放ち鵜飼」は島根県内の多くの川で行われていたほか、関東の相模川でも行われた記録が残っている。

日本の鵜飼は夏場の夜が中心で、長良川の場合、篝火《かがりび》を焚いた舟から、ひとりの鵜匠が最大十二羽のウを使役するかたちで行われている。また鵜匠は、かつての鵜飼の衣装を踏襲するように腰蓑をつけ、頭には紺色の風折烏帽子《かざおりえぼし》をかぶっている。このスタイルは江戸時代からあまり変化していないといわれる。

なお、風折烏帽子をつけるのは、篝火から飛んだ火の粉で髪の毛が焼けるのを防ぐためでもあるという。

世界の中で鵜飼が行われた場所

現在、鵜飼は日本と中国でしか行われていないが、かつては世界のさまざまな土地でみられたものだった。アジアでは、インドのブラマプトラ川や、ベトナムのメコン川でも行われた記録がある。

また、遠く離れた南米ペルーでも、二千年以上も前に鵜飼が行われていた可能性がある。首都リマにある、天野プレコロンビアン織物博物館が所蔵するモチーカ文化時代（紀元三〇〇～六〇〇年ごろ）の鐙型《あぶみがた》注口《ちゅうこう》土器《どき》のひとつに、表面に男とウのような鳥が描かれているものがある。絵は、男がウを捕獲または使役するところに見える。なお、この土地にはウミウもカワウも分布していないため、絵のウはそれ以外の種と推察される。ほかにも、紀元前二世紀ごろの漁業を描いたとされる壺絵に、鳥（おそらく、ウ）が船を押したり引いたりしているものがある。

もちろん、これだけでは鵜飼が行われていた証拠としては弱いが、描かれた絵が実際に鵜飼やそれに関わるものだったとしたら、ほかの土地とは無関係に成立した鵜飼ということになり、そしてそれは、ほかからの影響を受けることなく、独自に鵜飼が始まることがありうることを示す重要な証拠となる。

パリのルーブル美術館が所蔵する古代エジプトの壁画のレリーフに刻まれたウの姿から、古代エジプトでも鵜飼が行われていたのではないかという指摘もあった。レリーフの時期がそうとう古いものであることから、エジプトの鵜飼が世界最古と考える研究者もいる。

だが、レリーフだけでは漁の実態も、当時のウの扱いもわからないため、鵜飼と断定することはできない。また、レリーフの中のウは、翼が無造作につかまれていて、大事に扱われているようには見えない。逆に、捕獲され、食材、もしくは神への生贄とするために運ばれているようにも見える。

十六～十七世紀には、イギリスやフランスなどのヨーロッパ諸国でも、国王や貴族によって娯楽としての鵜飼が行われた。鵜飼はまずイギリスで始まり、イギリスからフランスなど、ヨーロッパの複数の国にそのやりかたが伝授されていった。

この鵜飼は一部の愛好貴族により、ある種のスポーツとして行われたもので、庶民にはほぼ無関係であり、漁業として行われたものでもなかった。なお、この鵜飼は東アジアから伝わったものというのが定説である。鵜飼のやりかたから見て、おそらくルーツは中国と考えられるが、オランダ人などを通して、日本の鵜飼の情報も補助的に伝わっていた可能性はある。

ヨーロッパでは、ユーゴスラビアが国家解体される前の、二十世紀の北マケドニアにおいても鵜飼が行われていたことが判明した。この鵜飼は国立民族学博物館（当時。現在は東京大学東洋文化研究所）の卯《う》田《だ》宗平《しゅうへい》氏によって報告され、詳細が『鵜と人間――日本と中国、北マケドニアの鵜飼をめぐる鳥類民俗学』という書籍にまとめられている。どうやって始まったのかなど、鵜飼が始まった経緯などはまだよくわかっていないが、一九九五年には完全に終了し、この先、復活することはないようである。

このように世界のさまざまな土地で鵜飼が行われていた事実がある。関連する遺物が発見されるたびに可能性はさらに増えるだろう。しかし、日本や中国、東アジアの鵜飼にどんな結びつきがあったのかということも含めて、未解明のこともまだまだ多い。ただ、日本と中国に関しては、ともに長い歴史があり、異なるスタイルが維持されてきたことから、始まりに接触があったとしても、相互の情報のやりとりはないか少なく、過程としては、日中それぞれが独自に発展してきたことはまちがいないと考えられている。

鵜飼の方法のちがい

鵜飼にはさまざまなやりかたがある。私たちはどうしても国内で行われている長良川の鵜飼を基準に考えてしまうが、残念ながら長良川の鵜飼は、世界の標準ではない。

現在の日本の鵜飼は基本的に「見せる鵜飼」であり、「観光」を目的としている。だが、ほかの国の鵜飼は「漁業」としての鵜飼である。日本でもかつては、百五十を超える河川で鵜飼が行われていて、多くが漁業としての鵜飼だった。だが、現在、漁業目的で行われている鵜飼は一部のみである。

鵜飼が行われている場所にもちがいがある。日本では基本的に川で行われているが、北マケドニアはギリシアとの国境の一部にもなっているドイラン湖という湖で行われ、中国でも川以外に湖や沼、池などで行われる例がある。

鵜飼の対象魚は、日本ではアユなど比較的小さな魚が主体だが、中国ではコイやナマズのような大きな魚も捕られている。ドイラン湖も同様だ。十六世紀のイギリスの鵜飼では、川に住むウナギなども対象となっていたようである。

先にも紹介したように、日本では捕獲された野生のウミウを訓練して使っているが、日本以外の鵜飼の主役はカワウで、中国では人工孵化したカワウの雛を人間が育てて成鳥にし、人間に馴れた状態で使っている。

『鵜と人間』によれば、受け取ったカワウの有精卵を孵化させ、訓練をしながら成鳥まで育てて鵜飼用のウとして鵜飼い漁師におろす専門の業者もいるという。鵜飼が漁業として成立している中国ならではである。

これまで日本では、ウミウもカワウも人間のもとでは繁殖しないと信じられてきたため、繁殖が試みられることはなかった。だが、宇治川の鵜飼に使われていたウミウが偶然卵を産み、この卵を孵して育てたウを使った鵜飼の試みも始まったことで、新たな流れができつつある。今後は、人間の手で孵化させたウも、鵜飼に使われることが増えていくだろうと予想されている。

また、ウを使役する期間にもちがいがあった。日本や中国では終生手許に置かれ、死ぬまで野生に戻されることがない。それと大きく異なるのが北マケドニアで、秋に渡ってくるカワウを捕獲して漁をさせ、そのシーズンが終わるとリリースされて、周囲の野生のカワウがもとの土地に帰る春には、放たれた鵜飼のウもいっしょに故郷へ旅立つかたちになっていた。

釜無川と笛吹川が合流して富士川となる地点、鰍沢（かじかざわ）において、岩場から水面に紐をのばす漁師。鵜飼の図なのか投網の図なのか、現在も議論が続く。葛飾北斎の『冨嶽三十六景』の「甲州石班澤」。

「つなぎ鵜飼」と「放ち鵜飼」

日本の鵜飼のようにウをつないで操る鵜飼は「つなぎ鵜飼」と呼ばれ、ウが自由に泳げるかたちで魚を捕らせるものは「放ち鵜飼」と呼ばれる。日本以外の鵜飼は基本的に後者である。

「つなぎ鵜飼」の問題点は、ウが紐の長さの範囲でしか動くことができず、とくに潜水において制限を受けてしまうこと。つまり、ウは全力で潜ることができない。またウは、各自が勝手に魚を追うため、時間がたつにつれて手縄がからんでくることが避けられない。鵜匠は左手だけで手縄をもつが、からんだ場合は右手で引き抜いて左手に戻す所作をする。これを「手縄さばき」と呼ぶ。高度な手縄さばきも、熟練の鵜匠の技とされる。

鵜飼には、船に乗って行うか、ウとともに

鵜飼の分類

◎時間帯

昼川	明るい時間帯（昼）に川で行われる鵜飼
夜川	暗い時間帯（夜）に川で行われる鵜飼

◎手縄（たなわ）の有無

つなぎ鵜飼	ウに手縄をつけて行う鵜飼
放ち鵜飼	ウに手縄をつけず、自由に泳がせる鵜飼

◎船を使う、使わない

徒歩鵜飼（徒歩鵜）	鵜匠がウとともに川に入って行う鵜飼
船鵜飼	鵜匠が船に乗って行う鵜飼

国ごとのちがい

国	ウの種類	目的	時間	場所	手段	方法	時期
日本	ウミウ	観光	昼／夜	川	徒歩／舟	つなぎ鵜飼	夏季
日本（過去）	ウミウ・カワウ	観光／娯楽／漁	昼／夜	川	徒歩／舟	つなぎ／放ち	夏季？
中国	カワウ	漁	昼	川、池、湖	舟	放ち鵜飼	年間
欧州（過去）	カワウ	娯楽／スポーツ	昼	川	舟	放ち鵜飼？	夏季？
北マケドニア	カワウ	漁	昼	湖	舟	放ち鵜飼	冬季

鵜師が川に入り、歩きながら魚を追うか、というちがいもあった。前者は「船鵜飼」、後者は「徒歩鵜《かちう》」や「徒歩鵜飼」と呼ばれる。日本以外の鵜飼の多くが船鵜飼となっている。

　日本の鵜飼は、放したウに自由に魚を獲らせる「放ち鵜飼」から始まり、「徒歩鵜飼」を経て「船鵜飼」に至ったと考えられている。ただし、かつて、船には乗らず、水にも入らず、鵜飼の漁師が岸にいて、そこから紐をつけたウを川面に放つ鵜飼も存在した。

　はたして鵜飼なのか、投網を放っている図なのか議論も残る絵だが、もしもこれが鵜飼だとしたら、葛飾北斎の『冨嶽三十六景』の「甲州石班澤《かじかざわ》」がまさにそうした画となっている。

　なお広義の鵜飼には、ウに魚を飲み込ませないものも存在した。刺し網や定置の罠にウを使って魚を追い込むもので、「逐鵜《おいう》」と呼ばれた。

　中国の河川において、上流に刺し網を張り、そこに向かって魚を追い込むようにウを促す方法で行われる漁があるほか、北マケドニアのドイラン湖では、マンドゥラと呼ばれる定置の仕掛けにウを使って魚を追い込む方法で漁が行われていた。この仕掛けの名を取って、現地では「マンドゥラ漁」と呼ばれていた。

　刺し網や罠を使った逐鵜なら、ウが飲み込めない大きなサイズの魚も捕獲することができる。そうしたこともメリットだったようだ。

5　ヨーロッパの鵜飼

日本の鵜鷹逍遥と西ヨーロッパの鵜飼

戦国時代、鷹狩りや鵜飼は武士の個人的な楽しみとなっていた。戦のない時期に、娯楽やリラクセーションの一環として行われていたらしい。こうした趣味は「鵜鷹逍遥《うようしょうよう》」と呼ばれた。かつては天皇家や貴族たちだけの楽しみだった鵜飼が、この時代になって、一部の武士たちがみずから行うスポーツ的な娯楽となった。行う武士たちは、陸の鷹狩りと川の鵜飼を上手く使い分けながら過ごしていたようだ。

ただ、なかには深くのめりこむ者もいて、それを問題視した一部の武将が、家臣に対して鵜鷹逍遥を禁じるふれを出したという記録も残っている。また、こうした行為を、仏教が禁じる無益な殺生と考えた武将もいたらしい。

生業でもなく見せるためでもない個人の楽しみとしての鵜飼は、日本ではあまり表に出てこない。だが、遡れば大伴家持なども奈良時代に同様のことを行っていたわけで、見えていないだけで、自身の楽しみとして鵜飼を行う者は、歴史の中に一定数が存在し続けたのかもしれない。

そうした武士の鵜飼と奇妙な符合を見せるのが、十六世紀末から十七世紀にかけて、国王や貴族のスポーツ、娯楽として行われていたヨーロッパの鵜飼である。

ヨーロッパで始まった鵜飼の中心にいたのは、狩猟狂としても知られた時のイングランド王、ジェイムズ一世である。鵜飼というものがあることは、以前からヨーロッパでも知られていた。イングランドが中国に派遣した使節が中国でのやりかたを詳細に調べ、伝えたことで、鵜飼をしてみたいという思いが国王ジェイムズ一世の心の中で一気に燃え上がったようだ。日本や中国のカワウとあまり変わらない亜種がイギリスにもいたことも幸いした。

一六一一年、ジェイムズ一世はジョン・ウッドを初代の「王室鵜匠頭（Master of the Royal Cormorants）」に任命し、ウの世話と管理、訓練を命じる。さらには、ウェストミンスターにカワウの専門飼育所をつくると、ジョン・ウッドの息子であるロバート・ウッドを次の王室鵜匠頭に任命した。

その後、訓練したウを友好国に送り、鵜匠頭がみずから鵜飼の指導をするなどした結果、鵜飼はブームとなってヨーロッパに拡散。多くの国で行われるようになる。なかでも、フランスには多くのウがイギリスから送られていたという。

内戦などで中断もあったが、ジェイムズ二世の代に鵜飼は復活。以後、中断と再開が繰り返されるかたちで、十九世紀までヨーロッパの鵜飼は続いていく。

ヨーロッパの鵜飼でとくに興味深い点は、ウの訓練に鷹匠が加わり、タカの訓練法がウに対してアレンジされて行われたことだろう。出漁の際、イヌを連れて行くことが多かったこともその延長である。ウを使う者は、鷹狩りのタカのようにウを腕に乗せて運んだり、カワウの頭に目隠しの頭装をつけたりした。まさに鷹狩りのスタイルである。

初期のヨーロッパの鵜飼はアジアに倣ったものだったが、その後、鵜飼は鷹狩りの技術と融合したヨーロッパ独自のものへと変化していく。十九世紀になると、アジアとは大きく乖離したものとなったことがわかっている。

あとがきにかえて

ハトの多くは百万年経ってもハトのままだが、条件が整うと比較的短い時間で形状が大きく変化して異なる種に進化することがある。それを教えてくれたのがドードーだった。

まだ飛ぶことができた祖先が、安全・安心な島にたどりついて〝飛翔〟する能力を捨てた。それが災いして、ドードーは絶滅した。もしも地上に人類という種がいなければ、せめてモーリシャスに行かなければ、今も彼らは五百年前、千年前とおなじ暮らしを続けていたはずだ。

鳥は簡単に飛翔力を捨てる。いや。簡単、ではない。安全であることを確信するのに数十万年という時間、数万〜数十万世代を重ねている。それだけの時間をかけて「安心」が確信できると、後戻りのできない、〝飛ばない〟選択をする。人間の感覚からするとそれは、十分に長い時間である。

たとえ飛べなくなったとしても、多くの鳥は〝その科〟特有の体型をあまり変えない。ヤンバルクイナもクイナ科に見えるし、ガラパゴスコバネウもウの仲間に見える。だがドードーは、ハトとしての原型がわからないほど体のかたちを変化させた。体型だけでなく、嘴も、羽毛も。

進化には偶然の要素も大きいが、新たな生き物が誕生した際には、その姿になった「必然」も存在する。ドードーへの進化については不明のことが多く、ほぼなにもわかっていないに等しいが、だからこそ、さまざまな角度から進化について考えを巡らせていきたいと思っている。情報をかき集め、進化のルートを科学的に推測していくことも楽しいアプローチとなるはずだ。

今回、この本を書くことを通して、「旅」をさせてもらったと感じている。

ドードーもそうだし、古代に生息したハクチョウについてもそう。ウに関しては、鵜飼のルーツを求めて、古代の中国、古代エジプト、紀元前のペルー、東南アジアやインドの河川、古墳時代から近世の日本、ユーゴスラビア時代の北マケドニアをめぐった。この旅は、そんな地球を何周もするような旅であると同時に、遠い過去に向かう旅でもあった。グレートジャーニーにしてタイムトラベル。とても貴重な体験をさせていただいた気がしている。

「はじめに」でもふれたように、人の言葉を話すインコとヨーロッパ人との関わりは、マケドニアの王アレクサンドロス三世の東方遠征がなければ、今とは大きくちがっていたように思う。少なくとも、その英名が「Alexandrine Parakeet」となることはなかっただろう。

本書を書くにあたって、あらためてさまざまな資料を熟読し、史料にふれた。

歴史、音楽、思想、宗教。それから動物学、鳥類学、言語学。手に入れた資料のために部屋が少し狭くなったが、多方面へのアプローチも、とても楽しいものだった。

ふつうに探していると、書籍や論文、ウェブ閲覧できる資料がなかなか見つからない鳥もいたが、検索を英語やフランス語に切り替えると見つかる資料も増えた。

だが、そのかわり、別の問題が浮上した。十分すぎる情報が新たに手に入ると、必然的に原稿の分量が増える。先に書いた『鳥と人、交わりの文化誌』よりもページ数を増やしてもよいとはいわれていたが、際限なく増やせるわけではない。調整が必要だった。

本書で取り上げたいと考えていた鳥は、企画の段階では今よりもずっと多かった。できるだけ多くの鳥を紹介するために、一種あたり四～六ページくらいで簡潔に紹介するコーナーも書籍内につくれば、かなりの数を紹介できると思ったが、それは甘い考えであったことにすぐに気づかされた。四、五ページくらいで書ける原稿はスカスカで、読みごたえがない。こんな文章はダメ。書きたくないと思った。

ひとまず書き始めていた原稿では、一種または二種の鳥を単位に構成をまとめていたが、それを章にすることを決める。必要な紹介を落とさないために、各章のページ数を増やすことも決めた。だが、そうすると、予定していたすべての鳥を紹介することは不可能で、許される最大のページ内におさめるためには、章の数を大きく減らす必要も出てきた。

削って削って、全体を二十章以下に。しかし、それでもまだページが足りない。

進化のこともふくめたカワセミ類の話。フクロウの話。チョウゲンボウの話。泣く泣く削ることを決め、最終的に十五章＋補章というかたちになんとか絞り込む。苦渋の選択だった。

こうした鳥たちの章は今回、本書に載せることができなかったが、いつかどこかで書きたいと思っている。出版のための努力は続けていこうと思う。

鳥の比較文化誌は本当に奥が深く、底が見えない。初期の段階で落としてしまった鳥にも興味深い情報が数多あった。そのため、もしもこの本を読んで、ほかの鳥についても本書と同じような書籍がほしいと感じたなら、ぜひ出版社にリクエストを伝えてほしい。
この本とおなじ厚さの書籍をあと二冊書けるだけの素材が手許に眠っている。

『鳥を識る』を書いたあと、文化誌の本も書いてほしいというリクエストをいただいていた。ただ、鳥ごとの文化誌の本は新書で出したばかりだったこともあり、すぐには難しかった。それをクリアする方法を模索して『鳥を識る』の続刊は、『鳥と人、交わりの文化誌』のような構成に落ち着いた。

今回あらためて、国や地域を比較したかたちの鳥の文化誌の本を書かせていただくことができた。それを、とても嬉しく思っている。日本に分布する鳥に縛られない、このかたちの書籍をつくることは、長いあいだの夢でもあったからだ。この本を実現させてくださった春秋社編集部の手島さんには、心からの感謝をお伝えしたい。

本書は執筆に半年以上の時間を要した。かけた時間だけ、価値のあるものになっているとよいのだが。お手に取って下さった方々に、読み物として楽しんで頂けたら幸いである。

細川博昭

[著者紹介]

細川博昭（ほそかわ・ひろあき）

作家。サイエンス・ライター。鳥を中心に、歴史と科学の両面から人間と動物の関係をルポルタージュするほか、先端の科学・技術を紹介する記事も執筆。おもな著作に、『鳥を識る』『鳥と人、交わりの文化誌』（春秋社）、『大江戸飼い鳥草紙』（吉川弘文館）、『知っているようで知らない鳥の話』『鳥の脳力を探る』『江戸時代に描かれた鳥たち』（SB クリエイティブ）、『オカメインコとともに』（グラフィック社）、『身近な鳥のすごい事典』『インコのひみつ』（イースト・プレス）、『江戸の鳥類図譜』『江戸の植物図譜』（秀和システム）、『うちの鳥の老いじたく』『長生きする鳥の育てかた』（誠文堂新光社）などがある。

日本鳥学会、ヒトと動物の関係学会、生き物文化誌学会ほか所属。

twitter:@aru1997maki

[鳥写真提供]（数字は掲載ページ）

大塚攻 260　河村梓 242
神吉晃子 24, 50, 132, 136, 183, 187, 236（上・下）, 239, 274（上）, 287
桐原美香 8　倉橋梨沙 195　珈琲と鳩時計の店ロンドベル 172
齊田茜 161　シマ鳥 155（左上）　鈴木幸子 303　髙柳幸央 232
豊福雅哉 62　根本恵利 155（右上）　松井淳 41　的場幸子 221, 222
山下智弥 5（上）　山田ゆかり 179　結城完 5（下）, 47（左）, 127, 220
米田こずゑ 65　ロメオ 49　RINZOU 267
©iStockphoto.com/PaulFleet 47（右）　/TerrySze 83　/VictorTyakht 108
/Bebedi 169　/RobChristiaans 213　/JMrocek 274（下）

鳥を読む　文化鳥類学のススメ

2023年6月30日　第1刷発行
2024年6月30日　第2刷発行

著　者　細川博昭
発行者　小林公二
発行所　株式会社　春秋社
〒101-0021　東京都千代田区外神田2-18-6
電話　(03)3255-9611（営業）
(03)3255-9614（編集）
振替　00180-6-24861
https://www.shunjusha.co.jp/
印刷所　株式会社　太平印刷社
製本所　ナショナル製本協同組合
装　丁　伊藤滋章
イラスト　支倉槙人事務所

ISBN978-4-393-42462-9 C0095　定価はカバー等に表示してあります

索引——鳥（科名、種名、品種名、俗名、漢字表記、欧文表記など）

さ

た

な

欧文

索引——その他の事項

さ

た

な

は

ま

や

ら

わ

参考・引用文献

◆全体を通して利用した資料・文献

芦田正次郎『動物信仰事典』北辰堂、一九九九年

アリストテレス／島崎三郎訳『動物誌』（上、下）アリストテレス全集、岩波書店、一九六八年

アンデルセン，ハンス・クリスチャン／大畑末吉訳『完訳アンデルセン童話集』（Ⅰ）岩波文庫、一九八四年

上田恵介監修『小学館の図鑑NEO　鳥』（新版）小学館、二〇一五年

ウォーレン・チャド，レイチェル、テイラー，メリアン／プレシ南日子、日向やよい訳『世界の美しい鳥の神話と伝説』エクスナレッジ、二〇一八年

浦本昌紀監修／尚学図書・言語研究所編集『鳥の手帖――江戸時代の図譜と文献例でつづる鳥の歳時記』小学館、一九九〇年

荻原浅男、鴻巣隼雄校注・訳『古事記　上代歌謡』日本古典文学全集一、小学館、一九七三年

奥野卓司『鳥と人間の文化誌』筑摩書房、二〇一九年

小野蘭山『本草綱目啓蒙』（三、四）東洋文庫（平凡社）、一九九一～一九九二年

音楽之友社編『標準音楽辞典　新訂第二版』音楽之友社、二〇〇八年

梶島孝雄『資料日本動物史』八坂書房、一九九七年

金子浩昌ほか『日本史のなかの動物事典』東京堂出版、一九九二年

叶内拓哉ほか『新版　日本の野鳥』（山溪ハンディ図鑑）山と渓谷社、二〇一四年

国松俊秀『鳥の博物誌――伝承と文化の世界に舞う』河出書房新社、二〇〇一年

グリム，ヴィルヘルム、グリム，ヤーコブ／金田鬼一訳『完訳　グリム童話集』（一～五）岩波書店、一九七九年

高津春繁『ギリシア・ローマ神話辞典』岩波書店、一九六〇年

國文學編集部編『知っ得　古典文学動物誌』學燈社、二〇〇七年

国立科学博物館編集『日本の博物図譜――十九世紀から現代まで』東海大学出版会、二〇〇一年

小島憲之、西宮一民ほか校注・訳『日本書紀』（一～三）新編日本古典文学全集二～四、小学館、一九九四～一九九八年

小島憲之、木下正俊、東野治之校注・訳『萬葉集』（一～四）新編日本古典文学全集六～九、小学館、一九九四～一九九六年

コッテル，アーサー／左近司祥子ほか訳『世界神話辞典』柏書房、一九九三年

斎藤月岑編著／市古夏生、鈴木健一校訂『新訂　東都歳事記』（上、下）ちくま学芸文庫、二〇〇一年（原著発行は一八三八年）

シェイクスピア，ウィリアム／小田島雄志訳『シェイクスピア全集』（白水Uブックス）白水社、一九八三年

菅原浩、柿澤亮三編著『図説　鳥名の由来辞典』柏書房、二〇〇五年

菅原浩、柿澤亮三編著『図説　日本鳥名由来辞典』柏書房、一九九三年

ストリッカー，ノア／片岡夏実訳『鳥の不思議な生活――ハチドリのジェットエンジン、ニワトリの三角関係、全米記憶力チャンピオンvsホシガラス』築地書館、二〇一六年

曽野綾子、田名部昭『ギリシアの神々』講談社、一九八六年
ターナー，ディヴィド／別宮貞徳監訳『やぶにらみ　鳥たちの博物誌――鳥とりどりの生活と文化』悠書館、二〇一五年
高橋秀治『動植物ことわざ辞典』東京堂出版、一九九七年
高橋千劔破『花鳥風月の日本史』黙出版、二〇〇〇年
滝沢馬琴／木村三四吾ほか編校『吾佛乃記――滝沢馬琴家記』八木書店、一九八七年
滝沢馬琴／洞富雄ほか編『馬琴日記』（一～四）中央公論社、一九七三年
橘成季編著／永積安明、島田勇雄校注『古今著聞集』日本古典文学体系八十四、岩波書店、一九六六年
中国科学院中国動物志編集委員会主編『中国動物志　鳥網　第十巻　雀形目』科学出版社、一九九五年
中国科学院中国動物志編集委員会主編『中国動物志　鳥網　第十四巻　雀形目』科学出版社、一九九八年
寺島良安／島田勇雄ほか校注『和漢三才図会』（六）東洋文庫（平凡社）、一九八七年
ドラマン，ジャック／石川湧訳『鳥はなぜ歌う』新思索社、二〇〇八年
日本随筆大成編集部『日本随筆大成』第一期第十八巻（『閑田耕筆』伴蒿蹊、享和元年）吉川弘文館、一九九四年
ハーティング，ジェイムズ・E／根本榮一、高橋昭三訳『シェイクスピアの鳥類学』博品社、一九九三年
ビーダーマン，ハンス／藤代幸一ほか訳『図説　世界シンボル事典』八坂書房、二〇一五年
樋口広芳、森岡弘之、山岸哲編集『鳥類』（I、II）日本動物大百科三～四、平凡社、一九九六～一九九七年
人見必大／島田勇雄訳注『本朝食鑑』（二、三）東洋文庫（平凡社）、一九七七～一九七八年
プリニウス／中野定雄、中野里美、中野美代訳『プリニウスの博物誌』（二）雄山閣、二〇一二年
ペリンズ，C・M、ミドルトン，A・L・A編／黒田長久監修『鳥類』（I、II、III）動物大百科七～九、平凡社、一九八六年
ベルフィオール，ジャン＝クロード／金光仁三郎ほか訳『ラルース　ギリシア・ローマ神話大事典』大修館書店、二〇二〇年
細川博昭『江戸時代に描かれた鳥たち――輸入された鳥、身近な鳥』ソフトバンククリエイティブ、二〇一二年
細川博昭『大江戸飼い鳥草紙――江戸のペットブーム』吉川弘文館、二〇〇六年
細川博昭『鳥と人、交わりの文化誌』春秋社、二〇一九年
細川博昭『鳥を識る――なぜ鳥と人間は似ているのか』春秋社、二〇一六年
細川博昭『身近な鳥のすごい事典』イースト新書（イースト・プレス）、二〇一八年
桝田隆宏『英米文学の鳥たち』大阪教育図書、二〇〇四年
桝田隆宏『鳥と文学とエッセイと』大阪教育図書、二〇一〇年
松田道生『大江戸花鳥風月名所めぐり』平凡社新書、二〇〇三年
柳田国男編『日本昔話記録』シリーズ、三省堂、一九七三～一九七四年
吉井正監修、三省堂編集所編『コンサイス　鳥名事典』三省堂、一九八八年

[江戸時代、および江戸時代以前のもの]
岩崎常正『武江産物志』国立国会図書館、文政七年（一八二四年）

隅田舎主人鴬屋半蔵『春鳥談』国立国家図書館、弘化二年（一八四五年序）
泉花堂三蝶『百千鳥』国立国会図書館、寛政十一年（一七九九年）
蘇生堂主人『鶉書』慶安二年（一六四九年）（農山漁村文化協会・日本農業全集60収録）
蘇生堂主人『喚子鳥』国立国会図書館、宝永七年（一七一〇年）
中川五郎左衛門・編『江戸買物独案内』国立国会図書館、文政七年（一八二四年）
服部雪斎『華鳥譜』国立国会図書館所蔵、文久元年
比野勘六『飼鳥必用』国立国会図書館、享和二年写（一八〇二年）
比野勘六『鳥賞案子』国立国会図書館、享和二年写（一八〇二年）
細川重賢『鳥類図譜』国立国会図書館所蔵、安永四年写（一七七五年）
牧野貞幹『鳥類写生図』国立国会図書館、文化七年（一八一〇年）ごろ
増山正賢『百鳥図』国立国家図書館、寛政十二年（一八〇〇年）ごろ
水谷豊文『水谷禽譜』国立国会図書館、（一八一〇年頃）
源順編纂『倭名類聚抄』国立国家図書館、承平年間（九三一～九三八年）
毛利梅園『梅園禽譜』国立国会図書館、天保十年（一八三九年序）
山科言継『言継卿記』国立国家図書館、大永七年～天正四年（一五二七年～一五七六年）（複製は大正三年）
作者不詳『外国産鳥之図』国立国会図書館、江戸末期
作者不詳『外国珍禽異鳥図』国立国会図書館、江戸末期
作者不詳『唐蘭船持渡鳥獣之図』慶応義塾図書館、江戸末期
作者不詳『鳩小禽等図』東京国立博物館、弘化二年（一八四五年）ごろ

［論文］

磯野直秀「江戸時代の禽類図譜と養禽書」『慶応義塾大学日吉紀要』第十一号、一九九二年
磯野直秀「珍禽異獣奇魚の古記録」『慶應義塾大学日吉紀要』第三十七号、二〇〇五年
磯野直秀「明治前動物渡来年表」『慶応義塾大学日吉紀要』第四十一号、二〇〇七年

◆第１章　ハト（鳩）とイエバト（鴿）／補章　ハトとドードー

内田康夫、磯野直秀解説『舶来鳥獣図誌――唐蘭船持渡鳥獣之図と外国産鳥之図』（博物図譜ライブラリー）八坂書房、一九九二年
太田眞也『ハトと日本人』弦書房、二〇一八年
岡田明子、小林登志子『シュメル神話の世界――粘土板に刻まれた最古のロマン』中公新書、二〇〇八年
唐沢幸一『都市の鳥類図鑑――街にすむ巧みな戦略家』中公文庫、一九九七年
苅安望『最新版　国旗と国章図鑑』世界文化社、二〇一八年
川端裕人『ドードーをめぐる堂々めぐり――正保四年に消えた絶滅鳥を追って』岩波書店、二〇二一年
黒岩比佐子『伝書鳩――もうひとつのIT』文春新書、二〇〇〇年
国立科学博物館、読売新聞社編『大英自然史博物館展』［図録］大英自然史博物館、二〇一七年
小林登志子『シュメル――人類最古の文明』中公新書、二〇〇五年
柴田佳秀『となりのハト』山と渓谷社、二〇二二年
島田璃里／樋口広芳監修『歌う鳥、さえずるピアノ』草思社、一九九八年
シルヴァーバーグ，ロバート／佐藤高子訳『地上から消えた動物』ハヤカワ文庫、一九八三年

ストッフル，ステファニー・ラヴェット／笠井勝子監修『「不思議の国のアリスの誕生」――ルイス・キャロルとその生涯』（「知の再発見」双書）創元社、一九九八年
スヒルトハウゼン，メノ／岸由二、小宮繁訳『都市で進化する生物たち――“ダーウィン”が街にやってくる』草思社、二〇二〇年
日本鳥学会編集『日本鳥類目録　改訂第七版』日本鳥学会、二〇一二年
バターワース，ブライアン／長澤あかね訳『魚は数をかぞえられるか？――生きものたちが教えてくれる「数学脳」の仕組みと進化』講談社、二〇二〇年
藤原定家／今川文雄訳『訓読　明月記』（一～六）河出書房新社、一九七七～一九七九年
水野久美『世界の国鳥』青幻社、二〇一七年
モネスティエ，マルタン／吉田春美、花輪照子訳『図説動物兵士全書』原書房、一九九八年
吉原謙以知『レース鳩――知られざるアスリート』幻冬舎ルネッサンス、二〇一四年
渡辺茂『ハトがわかればヒトがみえる――比較認知科学への招待』（認知科学モノグラフ7）共立出版株式会社、一九九七年
渡辺茂『ヒト型脳とハト型脳』文春新書、二〇〇一年
WWF Japan 監修『失われた動物たち――20世紀絶滅動物の記録』広葉書林、一九九六年

◆第2章　スズメとイエスズメ

更科功『絶滅の人類史――なぜ「私たち」が生き延びたのか』NHK 出版新書、二〇一八年
鳥遊まき『世界一なぞめいた日本の伝説・奇譚』こう書房、二〇〇六年
松田道生『大江戸鳥暦――川柳でバードウォッチング』河出書房新社、一九九九年
三上修『スズメ――つかず・はなれず・二千年』岩波書店、二〇一三年

◆第3章　アオサギとハイイロペリカン

赤田秀子、杉浦嘉雄、中谷俊雄『賢治鳥類学』新曜社、一九九八年
ウォーレン・チャド，レイチェル、テイラー，メリアン／プレシ南日子、日向やよい訳『世界の美しい鳥の神話と伝説』エクスナレッジ、二〇一八年
国松俊英『宮沢賢治　鳥の世界』小学館、一九九六年
佐原雄二『幻像のアオサギが飛ぶよ――日本人・西欧人と鷺』花伝社、二〇一六年
下坂玉起『茶の湯の羽箒――知られざる鳥の文化誌』淡交社、二〇一八年
利倉隆『絵画のなかの動物たち――神話・象徴・寓話　カラー版』美術出版社、二〇〇三年
鳥山石燕『鳥山石燕　画図百鬼夜行全画集』角川ソフィア文庫、二〇〇五年
宮沢賢治『銀河鉄道の夜』青空文庫、一九三四年初出
『桃源遺事』（復刻版）茨城県国民精神文化講習所、一九三五年

◆第4章　インコとオウム

アッタール，ファリード／黒柳恒男訳『鳥の言葉――ペルシア神秘主義比喩物語詩』東洋文庫（平凡社）、二〇一二年
アルダートン，デビッド／島森尚子訳『決定版　ペットバード百科』誠文堂新光社、一九九七年
佐々木時雄『続動物園の歴史　世界編』西田書店、一九七七年

清少納言／萩谷朴校注『枕草子』（新装版上、下）新潮日本古典集成、新潮社、二〇一七年
藤原頼長／増補史料大成刊行会編『台記』（史料大成二十三～二十五　増補）臨川書店、一九六五年
溝井裕一『動物園の文化史――ひとと動物の5000年』勉誠出版、二〇一四年
米田雄介、児島健次郎ほか著『正倉院への道――天平の至宝』雄山閣出版、一九九九年

◆第５章　ウグイスとヨナキウグイス
オウィディウス／中村善也訳『変身物語』（上、下）岩波文庫、一九八一年
シェイクスピア／松岡和子訳『ロミオとジュリエット』ちくま文庫、一九九六年
日本民話の会、外国民話研究会編訳『世界の鳥の民話』三弥井書店、二〇〇四年
藤代幸一『ヴィッテンベルクの小夜啼鳥――ザックス、デューラーと歩く宗教改革』八坂書房、二〇〇六年
皆川達夫『中世・ルネサンスの音楽』講談社学術文庫、二〇〇九年
ワイルド，オスカー／富士川義之訳『童話集　幸福な王子』（新訳）岩波文庫、二〇二〇年

◆第６章　ムクドリとホシムクドリ
後藤真理子『図説　モーツァルト――その生涯とミステリー』河出書房新社、二〇〇六年
中野節子訳『マビノギオン――中世ウェールズ幻想物語集』JULA 出版局、二〇〇〇年
ハウプト，ライアンダ・リン／宇丹貴代実訳『モーツァルトのムクドリ――天才を支えたさえずり』青土社、二〇一八年

◆第７章　カナリア
大淵眞龍『小鳥の飼い方』金園社、一九五七年
島森尚子『ザ・カナリア――最新の品種・飼育法・繁殖・ケアがわかる』誠文堂新光社、二〇一〇年
鈴木牧之／宮榮二ほか編『鈴木牧之全集』中央公論新社、一九八三年（滝沢馬琴、「金雀養方」収録）
[論文]
島森尚子「近代初期におけるカナリア飼育の東西比較――曲亭馬琴とエルヴュー・ド・シャントルーのカナリア飼育書」『比較生活文化研究』第十三号、二〇〇六年

◆第８章　カッコウとキツツキ
アリストパネス／呉茂一訳『鳥』岩波文庫、一九四八年
越谷吾山／東條操校訂『物類称呼』岩波文庫、一九四一年
篠田知和基『世界鳥類神話』八坂書房、二〇一七年
矢部治『万葉の鳥、万葉の歌人』東京経済、一九九三年
山岸哲、宮澤豊穂『日本書紀の鳥』京都大学学術出版会、二〇二二年
山田修七郎『万葉の鳥』近代文藝社、一九八五年

◆第９章　ミソサザイとコマドリ
ピゴット，スチュアート／鶴岡真弓訳『ケルトの賢者「ドルイド」――語りつがれる「知」』講談社、二〇〇〇年

宗こうすけ『和鳥入門――身近な小鳥をやさしく楽しむ』金園社、一九八七年

◆第10章　ウズラ

秋篠宮文仁、林良博責任編集『家畜の文化』ヒトと動物の関係学二、岩波書店、二〇〇九年
喜多村筠庭／長谷川強ほか校訂『嬉遊笑覧』岩波文庫、二〇〇九年　※巻は？
ジーボルト，フィリップ・フランツ・フォン／斎藤信訳『江戸参府紀行』東洋文庫（平凡社）、一九六七年
ステンジャー，マーガレット・A／堀内静子訳『うずらのロバート』秀英書房、一九九七年
高橋宏幸『ギリシア神話を学ぶ人のために』世界思想社、二〇〇六年

◆第11章　ヒバリ

小山幸子『ヤマガラの芸――文化史と行動学の視点から』法政大学出版局、一九九九年
川添裕『江戸の見世物』岩波新書、二〇〇〇年
戸田豊編著『現代英語ことわざ辞典』リーベル出版、二〇〇三年
リー，ポーラ・ヤング／堤理華訳『ジビエの歴史』（「食」の図書館）原書房、二〇一八年
[論文]
野崎準「藤原実方の伝説――「みちのく」から帰還した歌人の魂」『東北学院大学東北文化研究所紀要』第五十一号、二〇一九年

◆第12章　トビとミサゴ

鈴木健一『鳥獣虫魚の文学史　鳥の巻』日本古典の自然観二、三弥井書店、二〇一一年
大後美保編『天気予報ことわざ事典』東京堂出版、一九八四年
ブルフィンチ，トマス／大久保博訳『ギリシア・ローマ神話――伝説の時代・完訳』角川文庫、一九七〇年
真木広造『日本の鷲鷹』平凡社、一九九八年
馬淵和夫、国東文麿ほか校注・訳『今昔物語集』（三）新編日本古典文学全集三十七、小学館、二〇〇一年
ルイス，ジル／さくまくみこ訳『ミサゴのくる谷』評論社、二〇一三年
[論文]
勝俣隆「天狗の古典文学における図像上の変化に関する一考察――烏天狗から鼻高天狗へ」『長崎大学教養学部紀要』第七十一号、二〇〇五年

◆第13章　ハクチョウ

出雲晶子編著『星の文化史事典　増補新版』白水社、二〇一九年
長澤武『動物民俗』（Ⅰ、Ⅱ）（ものと人間の文化史）法政大学出版局、二〇〇五年
中村禎里『日本人の動物観――変身譚の歴史』ビイング・ネット・プレス／星雲社（発売）、二〇〇六年
野村圭佑『江戸の自然誌――『武江産物志』を読む』どうぶつ社、二〇〇二年
平林章仁『鹿と鳥の文化史――古代日本の儀礼と呪術』白水社、二〇一一年
松谷みよ子ほか編著『日本の民話　一　動物の世界』角川文庫、一九八〇年
[映像]
ワーグナー《ローエングリン》バイロイト音楽祭2011　日本コロムビア、二〇一二年

◆第14章　カラス

唐沢孝一『カラスはどれほど賢いか——都市鳥の適応戦略』中公新書、一九八八年
グレンベック，V／山室静訳『北欧神話と伝説』新潮社、一九七一年
黒田長久監修『鳥の日本史』（別冊歴史読本特別号）新人物往来社、一九八九年
サビッジ，カンダス／瀧下哉代訳『カラスの文化史』エクスナレッジ、二〇一八年
杉田昭栄『カラス学のすすめ』緑書房、二〇一八年
バーバー，セオドア・ゼノフォン／笠原敏雄訳『もの思う鳥たち——鳥類の知られざる人間性』日本教文社、二〇〇八年
ボーム，ライマン・フランク／佐藤高子訳『オズの魔法使い』ハヤカワ文庫、一九七四年
マーズラフ，ジョン、エンジェル，トニー／東郷えりか訳『世界一賢い鳥、カラスの科学』 河出書房新社、二〇一三年
山口仲美『ちんちん千鳥のなく声は——日本人が聴いた鳥の声』大修館書店、一九八九年

◆第15章　ウ

朝日新聞社編『三星堆——中国5000年の謎・驚異の仮面王国　図録』朝日新聞社・テレビ朝日、一九九八年
卯田宗平『鵜と人間——日本と中国、北マケドニアの鵜飼をめぐる鳥類民俗学』東京大学出版会、二〇二二年
可児弘明『鵜飼——よみがえる民俗と伝承』中公新書、一九六六年
徐朝龍『三星堆・中国古代文明の謎——史実としての『山海経』』（あじあブックス）大修館書店、一九九八年
徐朝龍『長江文明の発見——中国古代の謎に迫る』角川選書、一九九八年
細川博昭『江戸の鳥類図譜——大名、学者、本草画家が描いた日本の鳥たち』秀和システム、二〇二〇年
ミルトン，ジョン／平井正穂訳『失楽園』（上、下）岩波文庫、一九八一年

このほか、多くの書籍、論文、報道資料（web を含む）を参考にした。